Dr. med. vet. Elke Fischer

Homöopathie für Hunde

➤ Die erfolgreiche Heilmethode
jetzt auch für Ihren Hund

Inhalt

Interessantes zur Homöopathie

Inhalt

Inhalt

Die homöopathischen Mittel

Interessantes zur Homöopathie

In diesem Kapitel erfahren Sie das Wichtigste über die Homöopathie und wie sie auf den Organismus wirkt. Es vermittelt einen Einblick, wie Sie das richtige Mittel für Ihren Hund finden und wo die Grenzen der Homöopathie sind.

Entstehung und Entwicklung

Das Jahr 1796 gilt als das »Geburtsjahr« der Homöopathie. Damals erschien in einer medizinischen Zeitschrift ein Artikel mit dem Titel »Versuch über ein neues Princip zur Auffindung der Heilkräfte der Arzneysubstanzen«, der drei verschiedene Möglichkeiten der Arzneifindung besprach:

➤ die Krankheitsursachen herausfinden und beseitigen (zur damaligen Zeit noch nicht möglich)
➤ den Krankheitserscheinungen eine Gegenwirkung entgegensetzen, zum Beispiel Aderlass bei Blutwallungen oder Abführmittel bei Verstopfungen
➤ die Krankheit durch spezifische Mittel an der Wurzel ausmerzen

Verfasst hatte den Artikel Samuel Hahnemann. Zum dritten Punkt schrieb er weiter, dass man dafür die Wirkungen von Arzneien an gesunden Menschen prüfen müsste, um daraus für die Anwendung an Kranken Schlüsse zu ziehen. Damit hatte er das Grundprinzip der Homöopathie formuliert (→ Info rechts).

Der Weg zur Homöopathie

Samuel Hahnemann, am 10. 4. 1755 in Meißen geboren, begann 1775 ein Medizinstudium in Leipzig. Seinen Lebensunterhalt bestritt er durch Übersetzungen auch von medizinischen Schriften. Eine Zeit lang studierte er in Wien, wo er praktische Erfahrungen am Krankenbett sammelte. Als ihm das Geld ausging, arbeitete er zwei Jahre in Herrmannstadt als Bibliothekar und Leibarzt. Dort sah er viele Malariafälle und erkrankte vermutlich selbst daran. 1779 schloss er sein Studium in Erlangen mit der Promotion ab. In den Folgejahren arbeitete er als Arzt, Chemiker, Übersetzer und Schriftsteller an vielen verschiedenen Orten, mit wechselndem Erfolg. 1790 übersetzte er die zweibändige Arzneimittellehre des Schotten William Cullen, in der dieser die heilende Wirkung der Chinarinde bei Wechselfieber (Malaria) auf deren magenstärkende Wirkung zurückführte. Dies

regte Hahnemann zu einem Selbstversuch mit Chinarinde an, den er in einem Artikel veröffentlichte. Darin
berichtete er, dass er die gleichen Symptome wie bei
Malaria bekommen hatte, ausgenommen die Fieber-
schauder. Er formulierte schon vorsichtig, ob diese Fä-
higkeit, die ähnlichen Symptome hervorzurufen, für die
heilende Wirkung der Chinarinde verantwortlich sein
könnte. In dem 1796 erschienenen Artikel (→ links)
stützte er sein Heilprinzip »Similia Similibus« mit weiteren Selbstversuchen, etwa mit Quecksilber, Tollkirsche
und Fingerhut, mit Berichten aus der Literatur und Ver-
giftungsberichten. Seit dieser Zeit sind in den Hahnemann'schen Krankenjournalen Behandlungen nach dem
Ähnlichkeitsprinzip zu finden.

Allmählich setzte er auch immer kleinere Dosen der
Arzneien ein. 1805 fiel in einer Schrift erstmals der
Begriff »homöopathisch« (→ Seite 14). 1810 veröffentlichte Hahnemann das »Organon der Heilkunst«, das
Grundlagenwerk der Homöopathie, das in den folgenden Jahren noch weiter überarbeitet wurde. 1811 folgte
die Arzneimittellehre, in der die Ergebnisse der Prüfung
der Arzneimittel an Gesunden niedergelegt waren. Eine
solche experimentelle Arbeit war für die damalige Zeit
einzigartig. Von 1811 bis 1821 lehrte Hahnemann als
Professor an der Universität in Leipzig, wo er zum Begründer einer neuen heilkundlichen Richtung wurde.

INFO

Grundprinzip der Homöopathie

In einem 1796 erschienenen Artikel formulierte Samuel Hahnemann bereits das Grundprinzip der Homöopathie: »Man
ahme die Natur nach, welche zuweilen eine chronische Krankheit durch eine andere hinzukommende heilt und wende in der
zu heilenden Krankheit dasjenige Mittel an, welches eine
andere, möglichst ähnliche, künstliche Krankheit zu erregen
imstande ist, und jene wird geheilt werden. Similia Similibus.«
Dies ist die Grundlage der Simile- oder Ähnlichkeitsregel.

1821 bis 1835 ging er nach Köthen (Sachsen-Anhalt), wo er das Buch »Die chronischen Krankheiten« schrieb. Weiterhin formulierte er hier das Prinzip der Arzneimittelpotenzierung und führte den Begriff der »Lebenskraft« in seine Lehre ein (→ Info rechts).

Eine große Rolle für die Durchsetzung der Homöopathie spielten seine Schriften zur Cholera; seine Behandlung war erfolgreicher als die anderen damals angewandten Therapien, insbesondere, da seine Methoden den Patienten nicht unnötig schwächten, sondern ihn beim Gesundungsprozess unterstützten.

Ganzheitliche Therapie

Um die Leistung Hahnemanns in vollem Umfang zu erfassen, muss man die Entwicklung der ganzheitlichen Therapie betrachten. Gedanken dazu ziehen sich durch die gesamte Medizingeschichte. So wird schon im Buch Ayurveda, welches das alte indische Medizinwissen enthält, ein Ähnlichkeitsprinzip als Behandlungsmethode erwähnt. Auch wird dort schon der Begriff Lebenskraft genannt (→ Info rechts). Er bezeichnet die Lebensenergie, die aus dem Gleichgewicht der sechs ayurvedischen Konstitutionen entsteht.

➤ Hippokrates (460–377 v. Chr.), der bedeutendste Arzt seiner Zeit, schrieb Krankheit einem Ungleichgewicht der »Körpersäfte« zu. Wesentlich war seine Entwicklung der logischen klinischen Beobachtung. Er empfahl, den Patienten mehr zu beachten als die Erkrankung. Ferner beschrieb er zwei Methoden der Therapie: eine gemäß den Ähnlichkeiten, die andere gemäß den Gegensätzen.

➤ Avicenna (980–1037), ein berühmter arabischer Arzt, zeigte die Möglichkeit der Selbstheilung auf und teilte die Krankheiten nach ihrem Auftreten in ein Kopf-Fuß-Schema ein. Dieses Schema übernahm Hahnemann für seine Arzneimittelprüfungen.

➤ Maimonides (1135–1204), jüdischer Arzt, schrieb: »Die Natur hilft sich in vielen Fällen … und ohne ihre Hilfe bleibt jede ärztliche Kunst wirkungslos. Die Aufgabe des Arztes ist es, die Natur zu unterstützen.«

➤ Paracelsus (1493–1541), einer der bekanntesten Ärzte des Mittelalters, stellte fest, dass Krankheit und Arznei eine Einheit bilden. Er wies auch darauf hin, dass nicht viele Medikamente gegeben werden sollen, sondern dass spezifisch wirkende Einzelmittel den geheimnisvollen Zusammenhang zwischen dem Menschen und seiner Krankheit öffnen müssten, um damit eine Heilung zu ermöglichen. Weiterhin formulierte er: »All Ding' sind Gift und nichts ohn' Gift; allein die Dosis macht, dass ein Ding kein Gift ist.«

Auch in Schriften anderer Ärzte tauchen immer wieder ganzheitliche Gedanken auf. Hahnemann, der durch seine umfangreiche Übersetzertätigkeit und seine chemischen Forschungen mit dem meisten Gedankengut und Wissen der Zeit vertraut war, blieb es überlassen, daraus seine genialen Schlussfolgerungen zu ziehen und das Prinzip der Homöopathie zu begründen. Er rettete das Ähnlichkeitsprinzip »Similia Similibus« vor dem Vergessen und belegte es durch Experimente.

Die Arzneimittelprüfungen (→ Seite 14) führte er systematisch durch und dokumentierte sie eingehend. Auch seine Behandlungen dokumentierte er genau, was in der damaligen Zeit nicht selbstverständlich war. Eher wurden Erfahrung und Prüfung durch Spekulation ersetzt. Viele Arzneimittel wurden dabei in hohen Dosen unkritisch zusammengesetzt und brachten die Patienten oftmals um. Durch seine Behandlungserfolge, die andersartige Methode und die Kritik an der zu seiner

INFO

Lebenskraft

Der Begriff Lebenskraft stammt aus einer Zeit, in der man noch keine Vorstellung hatte von den Prozessen, die im Körper ablaufen. Heute meint man damit das Gleichgewicht aller Organe und Systeme im gesunden Körper. Bei einer Krankheit ist dieses Gleichgewicht gestört, der Körper strebt aber immer danach, dieses Gleichgewicht zurückzuerlangen (Heilung).

Zeit praktizierten Medizin zog er sich viele Feinde zu – nicht nur unter den Ärzten, sondern auch unter den Apothekern, da er seine Medikamente selbst zubereitete. Da die Homöopathie kaum Nebenwirkungen hatte, verbreitete sie sich schon zu Lebzeiten Hahnemanns in Europa und in den USA. Heutzutage hat die Homöopathie ihren festen Platz bei den ganzheitlichen Therapierichtungen, ist aber als »erkenntnisbasierte Medizin« immer noch umstritten. Die Schulmedizin attestiert ihre Erfolge als Zufallsergebnis bzw. führt sie auf den Placeboeffekt (→ Seite 21) zurück.

Krankheit aus Sicht der Homöopathie

Die Homöopathie ist eine Regulationstherapie. Das heißt, sie versucht regulierend in die Körperprozesse einzugreifen, die Ursache einer Erkrankung zu finden und nicht nur die Symptome zu behandeln. Daher wird in der Homöopathie nicht die Krankheit allein betrachtet, sondern auch der Patient berücksichtigt und wie es zur Erkrankung kam. Ist der Patient alt oder jung, wie äußert sich seine Erkrankung, wann wird sie besser oder schlechter. Im Unterschied zur Schulmedizin gibt es in der Homöopathie kaum ein Mittel, das auf jeden Patienten mit der gleichen Erkrankung passt. Denn obwohl auf den ersten Blick die gleiche Erkrankung vorliegt, sind die Symptome bei jedem anders. Die Individualität des Patienten wird mit der individuellen Ausprägung seiner Erkrankung in Deckung gebracht.
Daher kommt auch der Name »Homöopathie«: Er setzt sich aus den griechischen Wörtern homoios (= gleich) und pathos (= Leiden) zusammen. Die Gesamtheit aller Symptome, die durch die Arznei erzeugt werden (= das Arzneimittelbild), soll möglichst vollständig den Symptomen des Kranken entsprechen.

Ein Arzneimittelbild erstellen

Das Arzneimittelbild (→ Seite 17) ist die Voraussetzung, dass der Therapeut zum richtigen Mittel kommt. Für dessen Erstellung ist die Arzneiprüfung an Gesunden wesentlich. Bei der Prüfung werden zwei Versuchsgruppen gebildet. Eine Gruppe erhält Placebos, die andere die zu prüfende Arznei in potenzierter Form. Nur der Prüfungsleiter weiß, wer was erhält. Auch bei den Personen, die Arzneien erhalten, werden Placeboperioden zwischengeschaltet; dadurch wird getestet, ob eventuell aufgetretene Befindlichkeiten wie eine Depression Folge des Mittels sind oder ob sie bereits beim Patien-

Zur Beschäftigung und zum Abnehmen kann man Hunde ihr Futter auch durch einen Futterball erarbeiten lassen.

ten vorlagen. Jeder Mittelprüfer protokolliert täglich seine Symptome, mit genauer Beschreibung von Lokalisation, Art und sonstigen Umweltfaktoren. Parallel dazu wird versucht, die Symptome durch klinische Untersuchungen sowie durch Blutuntersuchungen, EKG, Harnuntersuchungen und andere Untersuchungen zu objektivieren. Weiterhin werden Prüfungen weltweit durchgeführt, um Einflüsse von Klimaunterschieden und Ähnlichem auszuschließen. Alle Symptome, die während der Prüfung einer bestimmten Arznei auftreten, werden als Arzneimittelbild in einer Arzneimittellehre (Materia medica) zusammengestellt.

Die Arzneimittelprüfung an Gesunden hat auch Grenzen. Um die Symptomatik eines giftigen Mittels kennenzulernen, vergiftet man nicht bewusst einen Menschen, sondern man zieht forensische (→ Seite 242) und unabsichtliche Vergiftungen heran, wobei auch die pathologischen Veränderungen im Gewebe untersucht werden. Kranke bekommen die homöopathisch verdünnten Mittel entsprechend ihrer Symptome verabreicht. Gelegentlich kann man beobachten, dass auch Symptome verschwinden, die bis dahin noch nicht für dieses Mittel

bekannt waren. Ein Beispiel: Verschwinden beispielsweise Rückenschmerzen nach der Einnahme eines bestimmten Mittels, für das diese Wirkung bis dahin nicht
bekannt war, so wird dieses Symptom registriert, beob-
achtet und dokumentiert. Tritt diese Wirkung immer
wieder auf, wird das Arzneimittelbild um diese regis-
trierten Symptome erweitert.

Symptome

Ein Arzneimittelbild setzt sich immer aus der Gesamtheit aller Symptome (= Krankheitszeichen, -erscheinun-
gen) zusammen. Es gibt zwei Gruppen:
➤ Die erste Gruppe sind die sogenannten pathognomo-
nischen Symptome (pathognomonisch = für die Krankheit typisch). Sie führen zur Krankheit, z.B. Erbrechen
zur Diagnose Magenschleimhautentzündung (Gastritis).
➤ Die zweite Gruppe, die individuellen Symptome,
spiegeln die persönliche Reaktion des Kranken in der
Auseinandersetzung mit der Krankheit wider. Erst diese
zweite Gruppe ermöglicht die Wahl der richtigen/pas-
senden homöopathischen Arznei.

Zur Verdeutlichung ein Beispiel für den Hund:
➤ Schulmedizinische Diagnose (Symptome der ersten
Gruppe): Der Hund hat Durchfall mit Blähungen, evtl.
auch Erbrechen, der Durchfall ist wässrig, von gelblicher
bis bräunlicher Farbe. Jeder Hund mit diesen Symptomen hat nach schulmedizinischer Diagnose einen
Magen-Darm-Infekt.
➤ Homöopathische Diagnose (Symptome der zweiten
Gruppe):
Hund 1 hat hellen oder gelblichen Durchfall mit Blähungen, der Bauch ist hart und sehr berührungsempfindlich, man hört Bauchgeräusche. Die homöopathische Diagnose lautet Nux vomica.
Hund 2 hat einen wässrigen, wund machenden, grün-
lich gelben Durchfall mit üblem Geruch, evtl. mit Blutbeimengungen. Er hat ständigen Kotdrang. Dieser Hund
benötigt Mercurius solubilis Hahnemanni.

GRUNDPRINZIPIEN DER HOMÖOPATHIE

Dazu gehören neben dem Ähnlichkeitsprinzip die »Arznei-mittelprüfung am Gesunden«, die Erhebung des individuellen Krankheitsbildes durch eine ausführliche Anamnese und die »Potenzierung« bei der Herstellung der homöopathischen Arzneimittel.

Anamnese	Darunter versteht man die genaue Erfassung der Symptome einer Krankheit oder einer Person/eines Tieres.
Ähnlichkeits-regel	Sie heißt »Simila Similibus currentur« (Ähnliches wird mit Ähnlichem geheilt) und bedeutet, dass der Therapeut versuchen muss, die Symptome, die er beim Kranken findet, mit den für ein Arzneimittel beschriebenen Symptomen in Übereinstimmung zu bringen. Die Symptome sollen möglichst deckungsgleich sein.
Arzneimittel-bild	Man versteht darunter eine Sammlung von beobachteten Symptomen, die bei der Verabreichung des entsprechenden Mittels an Gesunden hervorgerufen werden. Es entspricht dem Krankheitsbild des Patienten.
Potenzierung	In § 128 Organon legt Hahnemann das Prinzip der Potenzierung dar. Er schreibt, dass die Erfahrung gezeigt hat, dass die Arzneien in ihrem Rohzustand nicht die gleiche Wirkung zeigen wie im potenzierten Zustand. Potenzierte Arzneimittel sind in Abhängigkeit von der Potenz wirksamer, haben ein anderes Wirkungsbild oder wirken konträr. Potenzierung beinhaltet sowohl Verdünnung als auch Reiben und Schütteln. Die genaue Methodik ist heutzutage für Deutschland im Homöopathischen Arzneibuch (HAB) festgelegt (→ auch Seite 29).

Homöopathie bei Tieren

Schon immer hat der Mensch versucht, auch seinen Tieren eine Therapie nach den neuesten Erkenntnissen der Wissenschaft zukommen zu lassen. So verwundert es nicht, dass bald auch über die homöopathische Behandlung von Tieren nachgedacht wurde. Bereits Hahnemann machte sich Gedanken über Arzneimittelprüfungen bei Tieren (unveröffentlichtes Vortragsmanuskript). 1837 erschien die »Homöopathische Arzneimittellehre für Thierärzte« von J. C. L. Genzke, einem Tierarzt in Neustrelitz, kurze Zeit später das »Hülfsbuch: der homöopathische Thierarzt« von Dr. F. A. Günther. Weitere Schriften folgten. Angewendet wurden überwiegend niedrige D-Potenzen. Es gab Behandlungsanweisungen für landwirtschaftliche Nutztiere, aber auch schon für den Hund. Gegen Ende des 19. Jahrhunderts, zu Beginn des 20. Jahrhunderts nahm das Interesse durch die Entdeckung der Sulfonamide (→ Glossar, Seite 245) ab, wurde aber in den 1920er-Jahren wieder etwas mehr und stieg nach 1945 weiterhin. Mit den größer werdenden Problemen mit Rückständen in der Nahrung, die der Mensch darüber aufnahm, und der Entwicklung der ökologischen Landwirtschaft nahm die Beschäftigung mit der homöopathischen Behandlung der landwirtschaftlichen Nutztiere zu. Durch das sich ändernde Bewusstsein für Heimtiere als Familienmitglieder sollten auch diese homöopathisch sanft therapiert werden.

Ein Arzneimittelbild für das Tier erstellen

Das Hauptproblem, die Homöopathie auf das Tier zu übertragen, bestand darin, die für den Menschen beschriebenen Arzneimittelbilder für das Tier zu nutzen. Zunächst versuchte man, die vom Menschen bekannten Symptome beim Tier wiederzufinden. Mit der Zeit bemerkte man dann, welche Symptome bei der erfolgreichen Therapie zusätzlich mit verschwanden, sodass es inzwischen eigene tiermedizinische Arzneimittellehren gibt. Hierbei wurden bei jeder Tierart Besonderheiten festgestellt, die unter anderem in der unterschiedlichen Anatomie und Physiologie begründet sind. So gibt es Katzenschnupfen nur bei Katzen, Pansenatonie (der Pansen arbeitet nicht) nur bei Kühen, Staupe nur bei Hunden. Der Tier-Homöopath muss also wissen, welche Mittel erfahrungsgemäß zu den Symptomen passen und wie die Erkrankung und ihr Verlauf zu werten sind. Mit wachsenden Erkenntnissen bezüglich des Verhaltens war man dann auch in der Lage, Verhaltenssymptome mit in die Arzneimittellehren einzubringen.

So gibt es inzwischen auch an veterinärmedizinischen Universitäten vereinzelt Lehrveranstaltungen für Homöopathie. Wesentlich bedeutender für Tierärzte ist die Fort- und Weiterbildung nach dem Studium, sodass es inzwischen viele Tierärzte mit der Zusatzbezeichnung Homöopathie gibt. Der Vorteil dieser Tierärzte ist es, dass sie je nach Lage des Falls ein Tier homöopathisch, schulmedizinisch oder mit einer Kombination von beiden Therapieformen behandeln können.

Unterschiede bei verschiedenen Tierarten

Die verschiedenen Tierarten haben jeweils eine spezifische Anatomie und Physiologie (Lehre von den Funktionsweisen). Daher haben sie teilweise auch unterschiedliche Erkrankungen und Reaktionen, die man

INFO

Seitenbezeichnung und Seitenbeziehung
Seitenbezeichnungen in der Medizin und somit auch in der Homöopathie gehen immer vom Tier aus. Mit der Angabe »rechts« ist die rechte Körperseite des Hundes in Laufrichtung des Hundes gesehen gemeint.
Dies ist wichtig, weil einige homöopathische Medikamente eine Seitenbeziehung haben. Das bedeutet, dass Symptome überwiegend auf der rechten bzw. linken Körperseite auftreten können. Beispiele sind die Mittel Lachesis oder Apis.

kennen muss. Es macht beispielsweise hinsichtlich der Nahrung und Verdauung einen großen Unterschied, ob das Tier ein Wiederkäuer, Pflanzenfresser, Fleischfresser oder Nager ist. So können Meerschweinchen z. B. nicht erbrechen; dieses Symptom gibt es also nicht, man muss dann nach anderen Symptomen suchen. Auch im Verhalten bestehen teils erhebliche Unterschiede bei den Tierarten, etwa zwischen Jägern (Katze, Hund), Herdentieren (Rinder, Schafe, Pferde) oder Rudeltieren (Hunde) und Einzelgängern. Vögel haben andere anatomisch begründete Besonderheiten. Bei Reptilien muss berücksichtigt werden, dass sie wechselwarm sind. Dadurch zeigen sie auch andere Symptome. Dies alles hat zur Folge, dass es auch bei den homöopathisch arbeitenden Tierärzten Spezialisten für bestimmte Tiergruppen gibt.

Besonderheiten beim Hund

Hunde sind einer homöopathischen Therapie gut zugänglich, da sie eng mit dem Menschen zusammenleben. Ihre Besitzer bemerken schnell, wenn Störungen auftreten. Probleme gibt es jedoch zum Beispiel durch Fehlinterpretationen seitens des Besitzers. Häufig fehlen Kenntnisse über das Verhalten von Hunden, sodass manche Verhaltensweisen falsch gedeutet werden. Weiterhin gibt es Rasseunterschiede, abhängig davon, zu welchem Zweck diese Rasse ursprünglich gezüchtet wurde. Für Hütehunde beispielsweise kann es ein Normalverhalten sein, nach den Fersen zu schnappen. Diese Technik setzen sie ein, um Schafe zu treiben. Benutzen sie dieses Verhalten bei ihrem Menschenrudel, ist dies normalerweise nicht als Aggression zu werten. Manche Erkrankungen wie etwa Hüftgelenksdysplasie treten überwiegend bei großen Hunderassen (z. B. Deutscher Schäferhund) auf, Verengungen der Atemwege vor allem bei kurzköpfigen Rassen wie King Charles Spaniel oder Chihuahua; chronische Ohrenentzündungen haben häufiger Rassen mit Steh-Kippohren oder Cockerspaniels. Staupe, Hepatitis, Parvovirose oder Zwingerhusten sind Erkrankungen, die so nur beim Hund auftreten.

Homöopathische Mittel und Placeboeffekt

Den Homöopathika wird immer wieder unterstellt, als reines Placebo zu wirken und keine echten heilenden Eigenschaften zu haben. Ein Placebo (von lateinisch »ich werde gefallen«) im engeren Sinn ist ein medizinisches Präparat, welches keinen pharmazeutischen Wirkstoff enthält und somit auch nicht durch einen solchen Stoff eine pharmazeutische Wirkung verursachen kann.

Da sich Tiere aber die Wirkung nicht einbilden können, kann man davon ausgehen, dass Homöopathie tatsächlich hilft. Für Tiere ist es gleich, ob das Medikament, das sie verabreicht bekommen, schulmedizinisch oder homöopathisch ist. Auch zeigen Mittel, die im Futter etc. versteckt werden und wovon die Tiere nichts wissen, ebenfalls eine Wirkung. Dies zeigt, dass das Argument, die Mittelgabe als solche wirke bereits placeboartig, nicht zutrifft. In der Praxis eines homöopathisch arbeitenden Tierarztes gibt es immer wieder Fälle, in denen homöopathische Medikamente nicht wirken. Sucht man daraufhin ein besser passendes Mittel, tritt plötzlich eine Wirkung ein. Wäre das Homöopathikum ein Placebo, hätte auch das falsche Mittel wirken müssen.

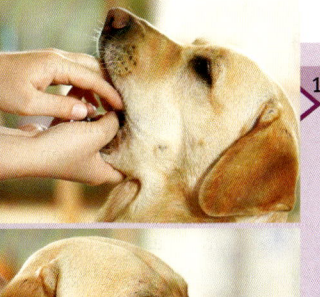

1 *Falls nötig, legen Sie in Futter verpackte Medikamente – am besten nicht zu weit hinten – auf den Zungengrund.*

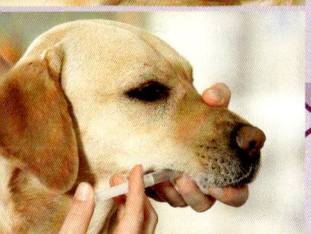

2 *Medikamente können Sie auch aufgelöst mit einer Spritze ohne Nadel in die Lefze oder direkt ins Maul verabreichen.*

Wirkungsweise der Homöopathie

Wie bereits auf Seite 14 dargestellt, handelt es sich bei der Homöopathie um eine Regulationstherapie. Das heißt, sie regt die Selbstheilung eines Organs oder des gesamten Körpers an. Jede Erkrankung stellt ein Ungleichgewicht in den Stoffwechselprozessen des Körpers dar. So wird eine Infektion, etwa ein Schnupfen, letztlich durch ein geschwächtes Immunsystem gefördert oder überhaupt erst ermöglicht. Homöopathika setzen einen Reiz, der den Körper in die Lage versetzen soll, die Störung selbst zu beseitigen und das Gleichgewicht wiederherzustellen. Der gestörte Organismus wird aktiv in die Heilung mit einbezogen und dazu angeregt, seine eigene Kraft gezielt gegen die Krankheit einzusetzen.

Einschränkungen der Homöopathie

Ist der Körper schon zu stark geschwächt, dann ist er möglicherweise nicht mehr in der Lage, das innere Gleichgewicht wiederherzustellen. Auch nach lang andauernder Behandlung mit Kortison, Antibiotika oder anderen – auch homöopathischen – Medikamenten kann die Reaktionsfähigkeit des Organismus reduziert oder nicht mehr vorhanden sein. Ich möchte dies am Beispiel einer Arthrose im Anfangsstadium erläutern. Hier können homöopathische Mittel lange oder für immer ausreichend sein. Wird jedoch sofort ein entzündungshemmendes Mittel gegeben, gewöhnt sich der Körper daran und stellt seine eigene Regulation und Produktion möglicherweise unumkehrbar ein. Die entsprechenden Zellen im Körper bilden sich zurück. Als Folge müssen die Medikamente dauernd gegeben werden. Eine Heilung ist dann über eine Regulation mittels Homöopathika nicht mehr möglich. Es müssen auch andere Therapien wie eine Operation in Betracht gezogen werden. Ein Kaiserschnitt ist zum Beispiel bei einer Geburt nötig, wenn wehenunterstützende homöopathische oder schulmedizinische Medikamente nicht mehr wirken oder der Welpe feststeckt.

Wenn ein Organ so stark geschädigt ist, dass eine Regeneration nicht mehr möglich ist, muss es entweder durch Medikamente unterstützt werden, oder es müssen Ersatzstoffe gegeben (= substituiert) werden, die das Organ normalerweise produziert hätte. Ein Beispiel für die Substitution ist die Verabreichung von Insulin bei Diabetes, weil die Bauchspeicheldrüse ihre Funktion eingestellt hat, ein Beispiel für die Unterstützung die Gabe von spezifischen Herzmedikamenten zur Behandlung einer Herzinsuffizienz (Herzschwäche).

Wirkungsort der homöopathischen Mittel

Homöopathische Mittel können lokal, das heißt am Ort der Erkrankung, am Organ, oder konstitutionell (den ganzen Organismus betreffend, systemisch) wirken.
➤ Lokale Mittel werden üblicherweise eher für akute Erkrankungen wie einen Schnupfen oder bei chronischen Erkrankungen eines einzelnen Organs, wie etwa bei einer Arthrose, angewandt. Für die Arzneimittelfindung werden körperliche Symptome herangezogen.
➤ Bei der konstitutionellen Behandlung wird der ganze Organismus behandelt. Konstitution kommt von lateinisch constitutio corporis (= Verfassung, Zustand des Körpers). Die Konstitutionsbehandlung betrifft den Organismus als Ganzes, nicht nur einzelne Organe.

TIPP

Richtig umgehen mit Hunden
Viele Hunde sind leichter zu behandeln, etwa Medikamenteneingabe oder Verbandwechsel, wenn sie wissen, dass es eine Belohnung gibt. Üben Sie schon mit Ihrem Welpen z.B. Maulinspektion, Zähneputzen, Hinlegen und belohnen Sie ihn dann (wichtig: innerhalb von 2 Sekunden) mit einem Leckerchen. Unerwünschte Verhaltensweisen oder Ungehorsam sollten nicht beachtet werden. Bedenken Sie: Auch Schimpfen ist eine Zuwendung und so für manche Hunde eine Belohnung.

Demzufolge wird sie eher bei chronischen Erkrankungen oder auch psychischen Störungen angewandt. Für die Arzneimittelfindung werden körperliche, geistige und seelische Merkmale erfasst.

Reaktionen auf homöopathische Arzneien

Heilung: Im Normalfall geht es dem Hund nach der Arzneimittelgabe besser. Meist verändert sich zuerst das Allgemeinbefinden hin zum Positiven, danach verschwinden die restlichen Symptome. Man gibt das Medikament, bis kein Symptom mehr erkennbar ist. Grundsätzlich kann man davon ausgehen, dass eine Erkrankung mindestens die gleiche Zeit zur Heilung benötigt, wie sie zu ihrer Entstehung gebraucht hat.

Hering'sche Regel: Sie besagt, dass bei einem Heilungsverlauf auf die bestehende Krankheit keine Erkrankung folgen darf, die weiter innen im Organismus lokalisiert ist. Beispiel 1: Ihr Hund hatte einen Juckreiz der Haut. Nach Ihrer Behandlung bekommt er einen Husten. Das Mittel, das Sie Ihrem Hund gaben, hat die Erkrankung von außen (Haut) nach innen gedrückt (Bronchien). Beispiel 2: Sie geben Ihrem Hund ein homöopathisches Mittel gegen Durchfall, daraufhin bekommt er Herzprobleme. Die Erkrankung rückt in diesem Fall näher an das Zentrum (Herz, Kopf). Sollte sich eine Behandlung so in die »falsche« Richtung entwickeln, suchen Sie bitte umgehend einen erfahrenen Homöopathen auf.

Erstverschlimmerung: Dies bedeutet, dass es nach der Verabreichung des Arzneimittels anfänglich zu einer Verschlimmerung der vorhandenen Krankheitssymp-

> *Besonders Welpen oder alte Hunde reagieren oft sehr sensibel auf Homöopathika in der falschen Potenz oder Dosis.*

tome kommen kann. Statt Erstverschlimmerung wird auch von Erstreaktion gesprochen. Das Allgemeinbefinden darf sich während der Erstverschlimmerung nicht verschlechtern. Nach kurzer Zeit (maximal drei Tagen) muss jedoch eine Besserung der Symptome eintreten. Ist dies der Fall, können Sie mit einer Heilung rechnen, allerdings sollten Sie mit einer anderen Potenz weiterbehandeln, da die zuerst gewählte nicht optimal war. Üblicherweise wählt man dann eine mildere Zubereitung, d. h., je nach Ausgangsmittel entweder ein niedriger potenziertes Mittel (etwa statt D200 nun D30 oder D12) oder einen anderen Verdünnungsschritt, also statt der D-Potenz die C-Potenz (→ Seite 30).

Hört die Verschlimmerung nicht auf, setzen Sie das Mittel ab. Wenn sich der Zustand trotzdem weiter verschlimmert, müssen Sie den Hund einem Tierarzt vorstellen. Tritt der gleiche Zustand wie vor der Arzneigabe wieder auf, sollten Sie ein neues Mittel wählen oder einen homöopathisch arbeitenden Tierarzt aufsuchen.

Keine Reaktion: Hier gibt es mehrere Möglichkeiten, warum dies so ist.

➤ Das Mittel ist falsch.

➤ Das Mittel ist richtig, aber es liegen Störfaktoren vor, beispielsweise Umgebungsstress oder falsche, etwa vegetarische, zu fette, zu eiweißreiche Ernährung.

➤ Das Mittel ist richtig, aber die Potenz ist falsch. So hilft z. B. Phytolacca in der D1 oder D2 nur bei Milchstau, in der D3 oder D4 bei Milchmangel und in der D6 nur bei Gesäugeentzündung (→ Seite 111, 112).

➤ Das Mittel ist richtig, aber der Hund reagiert langsam darauf. Das kann z. B. bei Silicea (→ Seite 186) sein.

Unbeabsichtigte Arzneimittelprüfung: Nach Verabreichen des Mittels bekommt Ihr Hund zusätzliche Symptome, die er noch nicht hatte, die nicht zur derzeitigen Krankheit gehören und die nicht nach zwei bis drei Tagen wieder verschwinden.

Gehen Sie in allen Fällen, bei denen Ihre Mittelwahl nicht direkt zur Heilung führte, möglichst zu einem homöopathisch arbeitenden Tierarzt und lassen Sie Ihre Diagnose und Behandlung überprüfen.

VON DEN SYMPTOMEN ZUM MITTEL

Die Gesamtheit der Symptome für eine homöopathische Arznei umfasst die unten genannten Begriffe. Daraus erge-

		FRAGE
Causa	Ursache der Erkrankung, z. B. Trauma, Infektion, Folge von Durchnässung, Überanstrengung; auch psychisches Trauma wie Kummer, Angst, Ärger	Warum treten die Symptome auf?
Allgemein-symptome	Symptome, die das ganze Tier betreffen. Beispielsweise ist ein Tier überanstrengt, fühlt es sich insgesamt matt und lässt sich dadurch nicht anfassen. Allgemeinsymptome sind auch schlaffes Bindegewebe, Verlangen, Abneigung oder Unverträglichkeiten (z. B. Nahrungsmittel, Hitze, Kälte).	Wer ist krank?
Lokal-symptome	Symptome bestimmter Organsysteme, z. B. aufgekrümmter Rücken, gespannte Bauchdecke, eitriger, nässender Hautausschlag, Abszess mit Schmerzen und Schwellung, Nasenausfluss, rote Bindehäute und Ähnliches	Wo treten die Probleme auf?
Verhaltens-symptome	Symptome, das Verhalten betreffend, z. B. hysterisch, Schmerzen scheinen nicht im Verhältnis zur Ursache zu stehen, Aggression, Abneigungen, will allein sein	Wer ist krank? Wie treten die Beschwerden auf?

ben sich die Arzneimittelbilder, die in Kapitel 2 ab Seite 56 und in Kapitel 3 ab Seite 165 beschrieben sind.

		FRAGE
Moda-litäten	Sie bezeichnen die Umstände, wann und wodurch etwas schlechter oder besser wird: beispielsweise die Tageszeit (abends, nachts, morgens); beim Aufstehen, durch Druck, Klima (Wärme, Kälte, Wetterwechsel); Licht, Lärm, Geruch usw. Weiterhin muss noch unterschieden werden, ob es sich z.B. um lokale oder um allgemeine Wärme handelt. Periodizität, d.h. immer wiederkehrende Beschwerden in bestimmten Abständen (etwa alle sieben oder 14 Tage)	Wann treten die Symptome auf? Warum treten sie auf? Wie treten sie auf?
Seiten-symptome	Sie geben Auskunft über eine seitenspezifische Lokalisation der Symptome, z.B. Halsschmerzen links (Lachesis), u.a.	Wo treten die Probleme auf?
Paradoxe Symptome	Sie beschreiben scheinbar widersprüchliche Symptome, z.B. das Schlucken von Festem fällt leichter als das von Flüssigem (Lachesis)	Wann, wie, wo treten die Symptome auf? Warum treten sie auf?

Homöopathische Substanzen und ihre Potenzierung

Die in der Homöopathie verwendeten Mittel stammen meist aus dem Tier-, Pflanzen- und Mineralienreich.

➤ Pflanzliche Ausgangsstoffe sind z.B. Zwiebel (Allium cepa), Küchenschelle (Pulsatilla), Steinblüte (Flor de piedra), Bärlapp (Lycopodium), Berberitze (Berberis), Arnika (Arnica) oder Goldrute (Solidago).

➤ Tierische Ausgangsstoffe sind z.B. Honigbiene (Apis), Spanische Fliege (Cantharis), ein Käfer, Tintenfisch (Sepia) oder Schlangengift (etwa für Lachesis von der Buschmeisterschlange, Lachesis muta).

➤ Mineralische Ausgangsstoffe sind z.B. Phosphor, Kieselsäure (Silicea), Calcium carbonicum, Calcium phosphoricum, Schwefel (Sulfur) usw. Darüber hinaus gibt es auch noch andere chemische Verbindungen, z.B. Mercurius solubilis Hahnemanni (Quecksilberverbindung, hergestellt nach Anweisungen von Hahnemann).

➤ Nosoden: Diese werden aus abgetöteten Krankheitserregern oder deren Produkten hergestellt, beispielsweise Tuberkulinum (Tuberkelbazillenkultur), Psorinum (Krätzebläschen), Pyrogenium (fauliges Rindfleisch), Carcinosinum (Tumormaterial). Nosoden sind wie alle homöopathischen Mittel apothekenpflichtig, aber in Deutschland zum Teil nicht erhältlich. Dann müssen sie vom Tierarzt beschafft werden.

Für alle Mittel ist im Homöopathischen Arzneibuch festgelegt, aus welchem Ausgangsstoff genau das betreffende Arzneimittel hergestellt wird.

Wie die Mittel entstehen

Aus den oben genannten Ausgangsstoffen werden durch spezielle Verarbeitungsprozesse Essenzen, Tinkturen oder Lösungen hergestellt.

➤ **Essenz:** Saft frisch gepresster Pflanzen oder Pflanzenteile, versetzt mit 90%igem Alkohol

➤ **Tinktur:** getrocknete, pulverisierte Pflanzen oder fein zerkleinerte Tiere wie Ameisen, Bienen usw., die mit

60- bis 90%igem Alkohol versetzt, extrahiert (→ Glossar, Seite 242) und weiterverarbeitet werden

➤ **Lösung:** entsteht aus löslichen Salzen und Säuren, die je nach Löslichkeit zu einer wässrigen oder alkoholischen Lösung verarbeitet werden

➤ **Verreibung:** unlösliche Mineralien oder getrocknete Pflanzen, die zu feinem Pulver zerrieben werden

Die flüssigen Ausgangsstoffe werden unter dem Oberbegriff Urtinkturen zusammengefasst, die festen unter Ursubstanzen (Symbol für beide: Ø).

Potenzierung

Homöopathische Arzneimittel werden in der Regel verdünnt, die Verdünnung wird auch als Potenzierung bezeichnet, denn mit dem Grad der Verdünnung steigt die Wirksamkeit (Potenz). Deshalb wird die Potenzierung auch als Dynamisierung bezeichnet. Aus diesem Grund werden homöopathische Arzneimittel nie als Urtinktur oder Ursubstanz angewandt; in diesem Fall würde es sich um Phytotherapie handeln.

Die Potenzierung erfolgt mittels Durchmischung mit einem Trägerstoff (→ Glossar, Seite 245), etwa Alkohol, physiologische Kochsalzlösung oder Milchzucker. Dabei wird das Gemisch Trägersubstanz/Ursubstanz zehnmal kräftig abwärts führend geschlagen (sogenannt verschüttelt). Für jeden Potenzierungsschritt wird ein neues Glas benutzt. Die genaue Vorgehensweise der Potenzierung ist im

Homöopathischen Arzneibuch HAB für Deutschland gesetzlich vorgeschrieben.

Der Homöopathie wird immer vorgeworfen, dass solch hohe Verdünnungen überhaupt nicht wirken können, weil nichts mehr vom Ausgangsstoff nachweisbar ist. Homöopathen gehen aber davon aus, dass bei der Potenzierung die Information aus dem Wirkstoff (z.B. Biene/Apis) an den Trägerstoff Milchzucker oder Alkohol weitergegeben wird. Für Hahnemann war daher das Verschütteln und nicht das Verdünnen das Wesentliche des Potenzierens.

Welche Potenzen gibt es?

Sicher sind Ihnen bei Homöopathika schon die Zusätze hinter dem Namen aufgefallen, z.B. D6 oder C12.

Buchstaben: Damit werden die Mengenverhältnisse je Verdünnungsschritt angegeben.

➤ D leitet sich von decimal (zehn) her, denn es wird ein Teil der Ursubstanz/Urtinktur mit neun Teilen der Trägersubstanz verrieben/verschüttelt.

➤ C leitet sich von centesimal (100) her, denn es wird ein Teil der Ursubstanz/Urtinktur mit 99 Teilen der Trägersubstanz verrieben/verschüttelt.

➤ LM oder Q bezieht sich beides auf eine Verdünnung 1:50000. LM ist die lateinische Schreibweise der Zahl 50000; Q leitet sich von quinquagintamillesimal her. Diese Potenzen haben ihre eigenen Regeln. Sie sollten nur von erfahrenen Therapeuten angewendet werden.

Zahlen: Damit gibt man die Anzahl der Verdünnungs- oder Potenzierungsschritte an. Hierzu ein Beispiel für D3: Ein Teil der Ursubstanz wird mit neun Teilen der Trägersubstanz verschüttelt, als Ergebnis erhält man D1. Davon ein Teil mit neun Teilen Trägersubstanz verschüttelt, ergibt die D2. Verschüttelt man nun davon einen Teil noch einmal mit neun Teilen der Trägersubstanz, erhält man die D3.

Wofür braucht man die unterschiedlichen Potenzen und Potenzierungsschritte? Bei einer akuten Erkrankung wie Durchfall oder Blasenentzündung werden sogenannte tiefe oder niedrige Potenzen verordnet, also D2/C2 bis D12/C12. Bei einem falschen Mittel ist die Wirkung nach relativ kurzer Zeit vorbei, man kann dann die Therapie ändern. Liegen die Beschwerden eher im psychisch-seelischen Bereich, greift der Homöopath zu mittleren Potenzen, etwa zu D30/C30 bis D200/C200. Die hohen Potenzen, z. B. die Stufen 1000, 10 000 oder 100 000, sind dem erfahrenen Therapeuten vorbehalten. Entscheidend für die Wahl der Potenz ist sicher-

Calcium carbonicum (Austernschalenkalk) ist ein häufig gebrauchtes Mittel für die Entwicklung von Welpen.

lich eher die Zahl der Potenzierungsschritte als die Verdünnungsstufe C oder D. Das heißt, wenn Sie z. B. ein Mittel in der C30 bräuchten, dann ist es besser, es in der D30 zu geben als in C6. Die C-Potenzen sind im Vergleich zu den D-Potenzen jedoch oft etwas verträglicher.

Welche Potenzen für meinen Hund?

Bei chronischen Erkrankungen gibt man eine niedrige (z. B. D6 bis D30) oder mittlere Potenz (z. B. C200), abhängig von der Erkrankung auch eine hohe. Bei psychischen Problemen ist eher eine hohe Potenz wirksam (z. B. C1000/D1000). Die Höhe der zu wählenden Potenz hängt auch von der augenblicklichen Verfassung und Belastbarkeit des Patienten ab. Bei starker Schwächung oder Schädigung lebenswichtiger Organe wird man vorsichtshalber eine niedrigere Potenz wählen, weil dieses Mittel nach kurzer Zeit den Körper verlassen hat und man dann, falls keine Wirkung eingetreten ist, ein anderes, besser passendes Mittel wählen kann. Außerdem kann eine hohe Potenz bei einem geschwächten Hund einen Zusammenbruch bewirken.

Darreichungsformen für den Hund

Homöopathische Arzneimittel werden in verschiedenen Formen angewendet (→ Tabelle Seite 33). Für Hunde eignen sich Globuli, Tabletten und alkoholische Dilutionen. Manche Hunde mögen keinen Alkohol, für diese lassen sich Tabletten oder Globuli einfacher verabreichen. Es gibt allerdings nicht alle Medikamente in allen Potenzen und Zubereitungen. Injektionslösungen dürfen nicht von Laien angewendet werden. Triturationen sind aus praktischen Gründen bei Tieren eher unüblich.

Wie gibt man die Mittel?

Homöopathische Arzneien sollen möglichst einzeln und oral gegeben werden, da sie so ihre beste Wirkung auf die Schleimhäute in Maul und Magen erzielen.

➤ Tabletten zerreiben Sie mit etwas Wasser, dadurch erhalten Sie eine weiße Paste, die Sie in die Maulschleimhaut einreiben. Wegen des süßen Milchzuckers schmecken die homöopathischen Tabletten den meisten Hunden gut, manche nehmen sie daher auch wie Leckerchen. Einige verweigern sie jedoch oft auch wegen des fehlenden ansprechenden Geruchs. Alternativ können Sie das Mittel auch mit mehr Wasser verdünnen und dann mittels Einwegspritze ohne Nadel direkt ins Maul tropfen; dazu ziehen Sie die Unterlippe zur Seite und tropfen die Lösung in die entstehende Tasche, das Maul selbst öffnen Sie dabei nicht.

Wenn sich Ihr Hund gegen diese Verabreichung wehrt, können Sie die zerriebene Tablette auch mit etwas Futter geben. Achten Sie jedoch darauf, nicht zu viel Futter zu nehmen, damit auch alles aufgefressen wird. Alternativ können Sie das Pulver auch mit Käse, Leberwurst, Rinderhack vermischen, oder Sie verstecken die ganze Tablette in etwas Wurst oder in speziell nach Fleisch riechenden Kapseln vom Tierarzt. Haben Sie mehrere Hunde, so werden sie getrennt gefüttert.

➤ Manche Homöopathika gibt es nur als Globuli. Diese lösen Sie am besten in einem Glas mit etwas Wasser auf

und geben die Flüssigkeit mithilfe einer Spritze (→ links) dem Hund dann direkt ins Maul. Im Notfall können Sie diese Lösung ebenfalls mit Futter vermischen.
➤ Dilutionen sind wegen des Alkohols bei vielen Hunden die letzte Wahl. Haben Sie nur eine Dilution zur Hand oder gibt es das Mittel nur als Dilution, können Sie diese nochmals mit Wasser verdünnen und etwas stehen lassen, damit der Alkohol verdunstet, und dann wie oben beschrieben eingeben. Alternativ können Sie

DARREICHUNGSFORMEN / DOSIERUNG

Homöopathische Arzneimittel werden in verschiedenen Darreichungsformen angewendet. Zwischen den einzelnen Anwendungsformen gibt es von der Wirksamkeit her keinen Unterschied.

Globuli	Dies sind Rohrzuckerkügelchen, die mit dem entsprechend verdünnten Arzneimittel besprüht werden. Eine Dosis entspricht fünf Kügelchen.
Tabletten	Sie bestehen aus Milchzucker, der mit dem Wirkstoff verrieben wird. Eine Dosis entspricht einer Tablette.
Dilution	Dies ist die mit Alkohol verdünnte Zubereitung des Arzneimittels. Eine Dosis entspricht fünf Tropfen.
Injektions-lösungen	Sie werden gespritzt. Hierfür liegt die Lösung in einer Verdünnung des Arzneimittels mit physiologischer Kochsalzlösung vor. Eine Dosis entspricht einem Milliliter.
Trituration	Sie entsteht wie bei Tabletten durch Verreiben des Arzneimittels mit Milchzucker, das Arzneimittel verbleibt jedoch in Pulverform. Eine Dosis entspricht einer Messerspitze.

die Dilution auf Futter oder ein Leckerchen aufträufeln und etwas abwarten, bis der Alkohol verdunstet ist.

Wann gibt man die Mittel?

Homöopathika sollte der Hund nüchtern oder zwischen den Mahlzeiten bekommen. Müssen Sie wie auf Seite 32 beschrieben das Medikament mit etwas Futter geben, verabreichen Sie es ca. 30 Minuten vor der Fütterung.
➤ **Bitte beachten:** Sollte Ihr Hund noch andere, schulmedizinische Medikamente bekommen, dann geben Sie diese bitte mindestens 30 Minuten nach der homöopathischen Arznei.

Richtige Dosierung

Erwachsene Hunde erhalten eine Dosis (→ Tabelle Seite 33), Jungtiere je nach Größe und Alter die Hälfte oder ein Drittel.
In der Praxis haben sich zur Behandlung akuter und chronischer Erkrankungen bestimmte Potenzstufen bewährt, da sie die besten Wirkungen zeigten. Je nach Potenzstufe variiert die Häufigkeit der Eingabe:
➤ Potenzen bis C6/D6 werden üblicherweise dreimal täglich verabreicht, bestimmte Mittel in der C6/D6 auch zweimal täglich.

INFO

Bei der Verabreichung beachten
➤ Homöopathika sollten nicht mit Metall in Berührung kommen, nehmen Sie einen Plastiklöffel und Kunststoffspritzen.
➤ Bei der Gabe von Homöopathika sollten Sie nicht gleichzeitig ätherische Öle, z. B. Kampfer, Teebaumöl, sowie Kräuterzusätze im Futter oder Kräuterflohhalsbänder verwenden, da diese die Wirkung beeinträchtigen oder verhindern können.
➤ Globuli sollten Sie so wenig wie möglich berühren, da sich der Wirkstoff auf der Oberfläche befindet.

➤ C12/D12 wird einmal täglich gegeben, bei Ausnahmen auch zweimal.

➤ Bei C30/D30 reicht eine Gabe meist für eine Woche bis einen Monat.

➤ Die noch höheren Potenzen wirken im Allgemeinen einen Monat bis zu mehrere Jahre.

Die Abstände müssen ab der C30/D30 allerdings für jeden Hund individuell in Absprache mit dem Tierarzt durch Beobachten der Symptome ermittelt werden. So kann eine hohe Potenz z. B. eine Verhaltensänderung des Hundes bewirken: War er traurig, wird er beispielsweise wieder lustiger. Die nächste Gabe steht dann an, wenn der Hund wieder traurig wird. Grundsätzlich ist zu beachten, dass die Gabe eines homöopathischen Mittels unabhängig von der Potenzhöhe nie wiederholt werden sollte, solange noch Zeichen einer Wirkung vorhanden sind! Bei zu früher Wiederholung der Mittelgabe kann die Heilung sogar verhindert oder in die Länge gezogen werden (→ Seite 25).

Dauer der Anwendung

Kurzzeittherapie: Bei akuten Erkrankungen, die erst einige Stunden alt sind, oder in Notfällen können Sie eine Dosis alle 10 bis 15 Minuten geben. Wenn nach meistens ein bis drei Stunden eine Besserung eingetreten ist, geben Sie alle zwei Stunden eine Dosis. Haben sich die Symptome dann gebessert, machen Sie nachts eine Pause von sechs bis acht Stunden. Ab dem nächsten Tag geben Sie drei- bis viermal täglich eine Dosis bis zum Abklingen der Symptome. Eventuell ist ein Folgemedikament nötig, das Sie nach der Ähnlichkeitsregel (→ Seite 17) auswählen. Die Gesamttherapie dauert meist nicht länger als eine Woche.

Langzeittherapie: Sie ist nötig bei einer Erkrankung, die schon länger besteht, die aber gute Heilungschancen hat, etwa bei einer chronischen Blasenentzündung. Grundsätzlich kann man sagen, dass die Heilung einer Krankheit so lange dauert, wie sie gebraucht hat, zu entstehen (→ Seite 24). Die Arznei wird je nach Mittel und

Potenz ein- bis dreimal täglich, einmal wöchentlich, einmal monatlich oder einmal in sechs Monaten bis zur Heilung gegeben. Im Zweifelsfall sollte man die Therapie lieber einige Tage länger durchführen, um den Zustand des Hundes zu stabilisieren. Eine Besserung des Gesundheitszustandes ist nicht sofort zu erwarten, meistens frühestens nach einer Woche. Das Befinden sollte sich im Lauf der Zeit jedoch insgesamt verbessern.

Dauertherapie: Sie ist angesagt bei unheilbaren Erkrankungen wie Diabetes, die einer ständigen Behandlung bedürfen. Eine Heilung ist nicht zu erwarten, diese Therapie muss daher bis ans Lebensende des Hundes durchgeführt werden. Eine Besserung des Zustandes kann man frühestens nach einer Woche erwarten.

Die Potenz des Arzneimittels und die Häufigkeit der Verabreichung hängen von der Erkrankung ab. So wendet man bei chronischen Arthrosen eher lokale Mittel an wie Harpagophytum in der D2, dreimal täglich eine Dosis. Bei psychischen oder tief greifenden organischen Erkrankungen kann auch eine Konstitutionsbehandlung angezeigt sein. Die Arzneimittelgabe erfolgt wie bei der Langzeitbehandlung abhängig vom Arzneimittel, von der Potenz und der Dosis unterschiedlich häufig.

Was sind Komplexmittel?

Die homöopathischen Komplexmittel sind das Ergebnis intensiver Arbeit einzelner Ärzte und Homöopathen. Sie mischten entsprechend dem Symptombild des Patienten mehrere passende Mittel miteinander und verabreichten diese gleichzeitig. Komplexmittel bedeutet, dass hier mehrere Einzelmittel miteinander kombiniert wurden, die eine Krankheit von verschiedenen Seiten angehen und dadurch ein größeres Symptomenspektrum abdecken. Der Einsatz homöopathischer Komplexmittel gründet sich auf die beobachtete Wirkung am Kranken, das heißt auf empirisch gewonnene Fakten. Die Beobachtungen lassen folgende Schlüsse zu:

➤ Die miteinander kombinierten potenzierten Einzelmittel stören sich in ihrer Wirkung nicht.

➤ Es entstehen neue Arzneimittel, die im Vergleich zu den Einzelkomponenten oft ein verbessertes Wirkspektrum haben.

In den Komplexmittelpräparaten werden Einzelstoffe eingesetzt, die synergistisch wirken, sich also in der Wirkung gegenseitig ergänzen bzw. verstärken. Manche Komplexe haben dadurch eigene Arzneimittelbilder. Bei manchen Erkrankungen, bei denen man (noch) keine eindeutigen Symptome für ein Einzelmittel hat, wie zum Beispiel bei einer

Bei Flohbefall sollten Decken mindestens bei 60 Grad gewaschen und Körbe bzw. Hundebetten ausgesaugt werden.

Lahmheit, setzt man dann über Komplexmittel mehrere Mittel gegen Lahmheit gleichzeitig ein, bis die Erkrankung abgeheilt ist oder bis eindeutige Symptome für ein Einzelmittel auftreten. Die Komplexpräparate gibt es als Fertigpräparate zu kaufen.

Komplexpräparate, die sich aus zu vielen Einzelmitteln, vor allem aus Konstitutionsmitteln (→ Seite 23), zusammensetzen, sind problematisch, da der Reiz auf den Organismus zu stark oder falsch sein kann. Dadurch kann die Heilung blockiert oder ganz verhindert werden. Daher sollte man bei eindeutiger Symptomatik besser ein Einzelmittel geben. Chronische Erkrankungen, wie Borreliose, oder Tumoren und Verhaltensprobleme, etwa Ängstlichkeit, sollten nicht mit Komplexmitteln therapiert werden; sie erfordern eine gründliche Anamnese und die exakte Bestimmung eines Einzelmittels.

Unterstützende Maßnahmen

Zur Unterstützung des Heilungsprozesses können homöopathische Arzneien je nach Erkrankung gut mit folgenden Behandlungsmethoden kombiniert werden:

➤ Physiotherapie: Einige Übungen können Sie selbst mit dem Hund zu Hause nach Absprache mit dem Therapeuten durchführen.

➤ Osteopathie: Diese manuelle, das heißt mit den Händen ausgeübte Behandlungsmethode ist nur durch erfahrene Therapeuten möglich.

➤ Entspannungsmethoden für Hunde, wie TTouch: Dies können Sie nach Anleitung zu Hause durchführen.

➤ Diäten und Futterzusätze: Geben Sie diese nur nach Absprache mit dem behandelnden Tierarzt.

➤ Verhaltenstherapie: Sie kann nur auf Anweisung und unter Anleitung eines Therapeuten eingesetzt werden.

➤ Phytotherapie (Pflanzenheilkunde, → Glossar, Seite 244): Sie kann nur nach Absprache mit homöopathisch geschulten Therapeuten eingesetzt werden, da einige Kräuter aufgrund der ätherischen Öle (→ unten) die Wirkung homöopathischer Arzneien behindern oder sie wirkungslos werden lassen.

➤ **Bitte beachten:** Da die Akupunktur und die Bach-Blüten nach einem ähnlichen Prinzip arbeiten wie die Homöopathie, sollte nur ein erfahrener Therapeut diese Behandlungsmethoden gleichzeitig mit Homöopathie anwenden (→ Bach-Blüten, Seite 205). Das gilt auch für die Magnetfeldtherapie sowie die vorherige oder gleichzeitige Anwendung oder Verabreichung von ätherischen Ölen, insbesondere mit Kampfer.

INFO

Stress durch Schlafmangel

Stress kann Erkrankungen auslösen. Beim Hund sind dies oft Probleme mit Mitbewohnern, etwa ein anderer Hund. Aber auch Schlafmangel kann zu Stress führen. Hunde brauchen 18 bis 22 Stunden Schlaf am Tag. Wird ihnen dies nicht gewährt oder der Schlaf ständig unterbrochen, führt dies zu gesundheitlichen Problemen. Stressfaktoren müssen vor einer homöopathischen Behandlung beseitigt werden, da das Homöopathikum sonst nicht genug oder gar nicht wirken kann.

Grenzen der Homöopathie

Da die Homöopathie eine Regulationstherapie ist, gibt es natürlich Grenzen. Der Körper muss in der Lage sein, auf das homöopathische Mittel reagieren zu können. Im Folgenden möchte ich Ihnen einige Beispiele nennen:

➤ Sie hilft nicht, wenn Gewebe oder der Gesamtorganismus so stark geschädigt sind, dass sie nicht mehr heilen können. Hier kann die Homöopathie jedoch unterstützend (palliativ) tätig sein. Beispiel: Ihr Hund hat Diabetes. Er muss Diät und Insulin bekommen. Mit Syzygium können Sie jedoch möglicherweise die Insulindosis reduzieren. Anderes Beispiel: Ihr Hund hat eine Niereninsuffizienz, eine unheilbare Krankheit, die aber beispielsweise mit Solidago in ihrem Fortschreiten verlangsamt werden kann.

➤ Manche Erkrankungen können nur chirurgisch behandelt werden, beispielsweise ein Fremdkörper im Darm, ein Knochenbruch, eine Wunde oder wenn die Welpen durch einen Kaiserschnitt auf die Welt gebracht werden müssen. Doch nach der chirurgischen Versorgung kann die Homöopathie wiederum unterstützend eingesetzt werden und die Heilung fördern.

➤ Die Heilung kann blockiert sein. Dies ist der Fall, wenn vorher zu viele andere Medikamente, insbesondere Kortison, gegeben wurden. Auch die Gabe zu vieler, nicht passender homöopathischer Medikamente kann eine Blockade bewirken.

➤ Die Umgebung und Haltung des Tieres kann die Heilung behindern. Dazu gehören falsches Futter, zu wenig Bewegung, zu wenig Beschäftigung, Stress (beispielsweise durch andere Heimtiere wie Katze oder Hund im Haushalt, durch Schlafmangel, → Info links). Bei Atemwegserkrankungen können z. B. auch stark rauchende Besitzer die Heilung verzögern oder ganz verhindern. Es gibt durchaus Heimtiere, die an Raucherhusten leiden!

➤ Missbildungen und genetisch bedingte Störungen können nicht homöopathisch behandelt werden, weil sie nicht veränderbar sind.

Wann müssen Sie zum Tierarzt?

Haben Sie noch keinerlei Erfahrung mit der homöopathischen Behandlung, dann empfiehlt es sich grundsätzlich, das erkrankte Tier vor den ersten Selbstbehandlungen einem homöopathisch arbeitenden Tierarzt vorzustellen. Die von ihm gestellte Diagnose und das verordnete Arzneimittel zeigen Ihnen, ob Ihre Bewertung der Symptome und das daraufhin ermittelte Arzneimittel zur Erkrankung Ihres Hundes passen.

Außerdem ist es ratsam, bei allen Erkrankungen, die nach spätestens drei Tagen nicht besser geworden und/oder die nach sieben Tagen nicht ganz verschwunden sind, zum Tierarzt zu gehen. In folgenden Fällen sollten Sie Ihren Hund sofort einem Tierarzt vorstellen:

➤ unklare Erkrankungen, die Sie selbst nicht nach dem Kopf-Fuß-Schema (→ Info) einordnen können

➤ Bissverletzungen, sonstige Verletzungen

➤ Erkrankungen des Nervensystems

➤ Augenerkrankungen

➤ Blutungen

➤ Erbrechen, Durchfall

➤ Apathie

➤ Fieber

➤ Geburtsprobleme

➤ eitriger Scheidenausfluss

Wenn Ihr Hund nicht frisst, sollten Sie spätestens am dritten Tag den Tierarzt aufsuchen, da dann meist eine ernsthafte Erkrankung vorliegt, die eventuell nur durch weitergehende Untersuchungen wie Blutuntersuchung oder Röntgen festgestellt werden kann. Auch Flüssigkeitsaufnahme ist unbedingt ab dem

INFO

Kopf-Fuß-Schema
Um bei einer Anamnese nichts zu vergessen, werden in der Homöopathie die Symptome und Erkrankungen der Organsysteme vom Kopf bis zu den Füßen geordnet. Dies kann auch für Sie hilfreich sein, wenn Sie für den Tierarztbesuch neben dem offensichtlichen Symptom bzw. Organsystem, das Ihnen Sorge bereitet, alles notieren, was Ihnen an Ihrem Hund aufgefallen ist.

zweiten Tag nötig, da der Hund sonst austrocknet und Nierenschäden die Folge sein können.

Bei chronischen Erkrankungen wie z.B. einer chronischen Blasenentzündung sollten Sie immer mit einem homöopathisch arbeitenden Tierarzt Kontakt aufnehmen, da für deren Behandlung viel Erfahrung nötig ist. Verhaltensstörungen wie Aggression oder Ängste erfordern Wissen sowohl in der Homöopathie als auch in der Verhaltenstherapie. Hier sollten Sie ebenfalls einen Fachmann zurate ziehen. Meistens ist eine Konstitutionsbehandlung (→ Seite 23) erforderlich, die jedoch dem erfahrenen Therapeuten vorbehalten sein sollte. Sollten Sie keinen erfahrenen homöopathisch arbeitenden Tierarzt in Ihrer Nähe haben, lassen Sie die Erkrankung Ihres Hundes auf jeden Fall schulmedizinisch abklären, um dann eventuell mithilfe dieses Buches den Symptomen entsprechend das passende homöopathische Mittel zu ergänzen.

Kann man mit Homöopathie impfen?

Eine sogenannte homöopathische Impfung als Prophylaxe kann es aus Sicht der klassischen Homöopathie im Hinblick auf eine spezifische Krankheit nicht geben, da ein homöopathisches Arzneimittel immer erst aufgrund der beim Kranken vorliegenden Symptomatik ausgewählt werden kann. Eine homöopathische Behandlung ohne die therapeutische Berücksichtigung der Persönlichkeit des Patienten und seiner genauen Beschwerdensymptomatik gibt es nicht.

Daher sollten Sie Ihren Hund gegen Staupe, Parvovirose, Hepatitis, Leptospirose und Tollwut impfen lassen. Diese Erkrankungen verlaufen sehr oft tödlich und sind teilweise auf den Menschen übertragbar. Die Wirksamkeit der Impfungen zeigt sich immer wieder bei Seuchenzügen. Geimpfte Tiere erkranken überwiegend gar nicht oder wesentlich schwächer, sie überleben meistens. Den genauen Impfplan sollten Sie mit Ihrem Tierarzt besprechen. Nur er kennt die spezifische Situation Ihres Hundes (→ Info Seite 42).

Homöopathie und Impfschäden

Ein großer Teil der sogenannten Impfschäden sind keine! Da man in der Inkubationszeit einer Erkrankung (→ Glossar, Seite 242) noch keine Symptome bemerkt und auch den Hund nicht fragen kann, ist der Tierarzt auf die allgemeine Untersuchung des Tieres und die Aussagen der Besitzer angewiesen. Daher kann es passieren, dass ein Hund in der Inkubationszeit einer Erkrankung geimpft wird. Durch diese Impfung wird das Immunsystem belastet, da es Antikörper bilden soll. Daher ist die Abwehr etwas geschwächt, und eine schon latent vorhandene Erkrankung kann ausbrechen. Weitere Impfreaktionen sind oft allergischer Natur und können mit der Verabreichung des Impfstoffes eines anderen Herstellers verhindert werden. Es handelt sich hier meistens um Reaktionen auf die Trägerstoffe (→ Glossar, Seite 245), nicht auf den Impfstoff an sich.

Echte Impfschäden direkt nach einer Impfung sind selten. Weiterhin gibt es Impfschäden, die sich nach einem etwas längeren Zeitraum manifestieren, wenn durch sie das Immunsystem beziehungsweise allgemein »die Lebenskraft« geschwächt wurde. Von einem erfahrenen homöopathischen Tierarzt muss beurteilt werden, ob es sich um einen Impfschaden handelt und wie er homöopathisch behandelt werden muss.

INFO

Beim Impfen beachten

➤ Lassen Sie Ihren Hund nur impfen, wenn er hundertprozentig gesund ist. Er darf auch keine Parasiten haben.

➤ Keine Impfung darf bei Tumorpatienten und chronisch kranken Tieren erfolgen.

➤ Die Impfungen sollten der individuellen Situation des Hundes angepasst werden. Fragen Sie Ihren Tierarzt nach den für Ihr Tier erforderlichen Impfungen. Das Motto sollte heißen: »So wenig wie möglich, so viel wie nötig.«

Homöopathie und Parasiten

Hunde können von drei Parasitengruppen befallen sein: von Magen-Darm-Parasiten (Würmer), äußeren Parasiten (Flöhe, Milben, Zecken) und sonstigen Parasiten (Babesien, Borrelien, Leishmanien).

Innere Parasiten: Die größte Bedeutung als innere Parasiten bei Hunden aller Altersstufen haben die Magen- und Darmwürmer (→ Seite 86). Aus dem Urlaub können bei mangelndem Schutz gegen die Überträger auch Herzwürmer mitgebracht werden.

Äußere Parasiten: Dazu zählen Hautparasiten wie Zecken, Milben und Flöhe. Sie können ebenfalls nicht homöopathisch behandelt werden.

➤ Flöhe sind als äußere Parasiten von besonderer Bedeutung. Die Ansteckung erfolgt in der Regel durch Kontakt mit befallenen Tieren, zumeist Katzen und Hunden, aber auch mit Igeln. Die medizinischen Probleme des Flohbefalls entstehen unter anderem durch die enorme Fortpflanzungsdynamik der Flöhe auch in der häuslichen Umwelt. In Mitteleuropa leben Hunde meist in Wohnungen. Mit ihren zahlreichen Nischen (Teppichböden, Decken, Dielenspalten, Polstermöbel etc.) und dem ganzjährig warmen Klima bieten die Wohnungen den Flöhen und ihren Nachkommen ideale Lebens- und Vermehrungsbedingungen.

Ein Flohweibchen beginnt ca. 48 Stunden nach der ersten Blutmahlzeit mit der Eiablage. Es legt dabei bis zu 50 Eier am Tag und etwa 2000 Eier in seiner gesamten Lebenszeit. Diese enorme Vermehrungsrate wird durch die geschilderten optimalen Bedingungen im Haus zusätzlich gefördert. Der gesamte Lebenszyklus vom Ei bis zum neuen erwachsenen Floh kann innerhalb von zwölf Tagen abgeschlossen sein, braucht aber im Durchschnitt drei bis vier Wochen.

Befallene Hunde leiden nicht nur unter Juckreiz, der durch die Flohstiche ausgelöst wird. Zusätzlich kratzen sie sich die juckende Haut wund, und häufig entwickelt sich ein Ekzem. Darüber hinaus können solche Hunde eine Flohspeichelallergie entwickeln. Außerdem ist der

Floh Zwischenwirt für einen Bandwurm und wird daher häufig beim Putzen des Fells übertragen.

➤ Milben, Läuse und Haarlinge sind eine weitere, aber beim Hund – Ohrmilben und Räudemilben ausgenommen – seltener vorkommende Gruppe der äußeren Parasiten. Diese leben entweder in oder auf der Haut (Milben), auf der Haut und im Haarkleid (Läuse) oder nur im Haarkleid (Haarlinge). Manche Arten sind dabei nur auf bestimmte Hautgebiete beschränkt, etwa die Ohrmilben. Die Übertragung dieser Parasiten erfolgt in der Regel durch Kontakt mit befallenen Tieren. Sie verursachen lokale und auch allgemeine Symptome wie Juckreiz, Haarausfall oder Hautentzündungen. Für eine wirksame Behandlung müssen dafür zugelassene und für den Hund verträgliche Mittel eingesetzt werden.

➤ Zecken sind in Mitteleuropa überwiegend in der Zeit von März bis Oktober ein großes Problem, hauptsächlich die Art *Ixodes ricinus*, der Gemeine Holzbock. Sie lauern in Gräsern, Büschen und Sträuchern der Wiesen, Laub- und Mischwaldareale auf eine Blutmahlzeit. Ihre Opfer (Vögel, Säugetiere und der Mensch) schädigen sie nicht allein durch Blutentzug, sondern sie übertragen beim Blutsaugen auch verschiedene Krankheitserreger, beispielsweise Borrelien als Erreger der Borreliose (→ Glossar, Seite 241), Babesien als Erreger der Babesiose (→ Glossar, Seite 240). Auch ihre Bissstellen verursachen Juckreiz, es kann sich dort eine Infektion entwickeln. Zur Vorbeugung und Behandlung gibt es verschiedene zugelassene Insektizide mit hoher Wirksamkeit und guter Verträglichkeit.

Blut-/Gewebeparasiten: Babesien sind beim Hund in Mittel- und Nordeuropa noch selten, sind aber auf dem Vormarsch, da die die sie beherbergende Zeckenart zunehmend auch in Deutschland zu finden ist. Diese einzelligen Parasiten schädigen infizierte Hunde, indem sie sich in deren rote Blutkörperchen einnisten, vermehren und sie dadurch zerstören. Auch Leishmanien sind bis jetzt noch eher selten, häufig werden sie aber wie auch Babesien aus dem Urlaub mitgebracht. Wichtig ist auch hier eine gute Vorbeugung.

Zusammenfassend kann man sagen: Es gibt kein homöopathisches Mittel, mit dem man direkt Parasiten vorbeugen kann und womit sich die Schädlinge abwehren lassen. Eine homöopathische Vorbeugung gegen Parasiten besteht in der Stärkung des Organismus, der sogenannten »Lebenskraft«. Üblicherweise geschieht dies durch ein Konstitutionsmittel. Allerdings können beispielsweise der Juckreiz und die Folgeerkrankungen bei einem Befall mit Hautparasiten oder die Folgen einer Erkrankung mit Blut-/Gewebeparasiten unterstützend homöopathisch behandelt werden (→ Seite 129, 142).

Homöopathie und Verhaltensstörungen

Verhaltensstörungen erfordern eine Untersuchung und Beurteilung durch einen Tierarzt. Wenn möglich, sollte dieser zusätzliche Kenntnisse in Hundeverhalten haben, um die Ursachen der Störung feststellen zu können. Manche Verhaltensstörungen beruhen nämlich auf Erkrankungen, die beispielsweise Schmerzen verursachen und als Folge davon Veränderungen im Verhalten bewirken. In diesem Fall muss dann nicht die Verhaltensstörung behandelt werden, sondern ihre Ursache, etwa eine Arthrose. Bei echten Verhaltensstörungen muss abgeklärt werden, ob z.B. wirklich eine Aggression vorliegt oder ob es sich eher um eine durch Angst hervorgerufene Aggression handelt. Beide verlangen nach unterschiedlichen Mitteln.

Gefahren durch die homöopathische Behandlung

Bei der Anwendung homöopathischer Arzneimittel sind folgende Gefahren zu beachten:
➤ Fehler in der Interpretation der Reaktionen bezüglich Hering'scher Regel, Erstverschlimmerung oder unbeabsichtigter Arzneimittelprüfung (→ Seite 24, 25).
➤ Einsatz von falschen Mitteln, daher erfolgt eine Blockade für das richtige Mittel, oder die Symptomatik wird noch vertieft, besonders bei Hochpotenzen.

➤ Verschleppung: Eine Erkrankung ist homöopathisch nicht heilbar, muss beispielsweise operiert werden; oder sie muss schulmedizinisch unterstützt oder behandelt werden (etwa durch eine Infusion); der Einsatz von anderen erforderlichen und sinnvollen Therapien durch den Tierarzt kommt zu spät.

➤ Hinter der vorhandenen Symptomatik steckt noch eine andere Erkrankung (beispielsweise eine chronische Erkrankung wie Schilddrüsenunterfunktion als Ursache für Hautprobleme).

➤ Der Besitzer ist zu »nah« dran an seinem Tier und kann Symptome nicht neutral werten oder sieht manche nicht, da sie sich langsam entwickelt haben und er sich daran gewöhnt hat.

➤ Einsatz falscher Potenzen, insbesondere von Hochpotenzen und LM- oder Q-Potenzen.

➤ Der Besitzer hat zu wenig Geduld bei der Behandlung, das heißt, die Medikamente werden zu oft gegeben oder zu oft gewechselt.

Zusammengefasst ist zu beachten: Sollten Sie nicht sofort bzw. maximal drei Tage nach Behandlungsbeginn eine durchschlagende Besserung bei Ihrem Hund erreichen, suchen Sie einen Tierarzt auf, wenn möglich eine homöopathisch arbeitende Praxis. Sollten sogar eine Verschlimmerung oder neue Symptome auftreten, suchen Sie sofort den Tierarzt auf.

INFO

Homöopathie als Notfallhilfe

In Notfällen können Sie Ihrem Hund, wie ab Seite 133 beschrieben, mit homöopathischen Mitteln helfen. Diese Anweisungen sind jedoch nur als Erste Hilfe zu verstehen. Grundsätzlich sollten Sie so schnell wie möglich einen Tierarzt aufsuchen. Denn viele Notfälle erfordern zusätzliche Maßnahmen wie Infusionen, Verbände, Operationen oder auch eine ständige tierärztliche Überwachung.

Hinweise zum Transport des kranken Hundes: (→ Seite 133).

Häufig gestellte Fragen

Im Folgenden habe ich Fragen zur homöopathischen Behandlung zusammengestellt, die in meiner Praxis häufig auftauchen.

Kann ich verschiedene homöopathische Mittel miteinander kombinieren?

Dies können Sie tun, wenn sich die Mittel gegenseitig unterstützen und ergänzen (→ Seite 36, Komplexmittel). Bitte beachten Sie, dass es einige Mittel gibt, die sich in ihrer Wirkung behindern oder sogar gegenseitig aufheben. Dies kann zum Beispiel bei der Kombination von Rhus toxicodendron und Bryonia der Fall sein.

Lassen sich homöopathische Mittel und schulmedizinische Medikamente miteinander vereinbaren?

Bei der gleichzeitigen Anwendung von homöopathischen und schulmedizinischen Arzneimitteln ist Folgendes zu beachten: Corticosteroide (Hormone der Nebennierenrinde) und Homöopathika wirken grundsätzlich gegeneinander, Kortisonpräparate heben meist die homöopathischen Wirkungen auf (→ Seite 39). Die gleichzeitige Anwendung von nichtsteroidalen Antiphlogistika (Entzündungshemmer) und Homöopathika ist machbar, aber oft nicht sinnvoll. Das Gleiche gilt für die gleichzeitige Anwendung von Antibiotika. Schmerzmittel können ohne Wirkungsbeeinträchtigung mit Homöopathika kombiniert werden. Ein Problem ist jedoch oft, dass die Tiere z. B. bei der Behandlung einer Lahmheit dann wieder zu schnell zu viel laufen. Damit wird der durch Homöopathika angestoßene Heilungsprozess gestört und kann durch Überlastung behindert werden. Impfungen können ebenfalls homöopathische Behandlungen stören und sollten in diesem Zeitraum unterbleiben. Im akuten Krankheitsfall darf nicht geimpft werden. Aber auch bei Konstitutionsbehandlungen, beispielsweise bei einer Verhaltensstörung, sollten Impfungen bis zum Behandlungsende möglichst unterbleiben, weil sie die Behandlung blockieren könnten.

Wie bewahre ich die homöopathischen Arzneimittel am besten auf?

Homöopathika können bei Zimmertemperatur an einem dunklen Ort gelagert werden, z. B. im Hausapothekenschrank. Sie sollten keinen starken Temperaturschwankungen ausgesetzt werden. Es dürfen keine stark riechenden Materialien oder ätherischen Öle, speziell mit Kampfer, in der Nähe aufbewahrt werden. Magnetfelder oder andere energetische Felder, etwa durch Computer oder Handys, sollten nicht in der Nähe sein. Am besten belassen Sie das Arzneimittel in seinem Originalbehälter oder in dem von Ihrem Therapeuten mitgegebenen Behältnis.

Kann ich mit Homöopathika eine schulmedizinische Behandlung meines Hundes begleiten?

Eine schulmedizinische Behandlung einer Erkrankung kann bei entsprechender Symptomatik grundsätzlich homöopathisch begleitet werden. Sie können es in jedem Fall mit niedrigen Potenzen probieren. Negative Auswirkungen auf die klinische Behandlung sind nicht zu erwarten. Es kann jedoch sein, dass die homöopathischen Arzneien nicht wirken oder eine Erstverschlimmerung eintritt. Bitte lesen Sie auf Seite 39 unter »Grenzen der Homöopathie« nach.

Welche Besonderheiten können während der Behandlung bei jungen Hunden auftreten?

Jungtiere haben oft andere Erkrankungen als erwachsene oder alte

---

INFO

Homöopathika für Mensch und Tier
Die Mittel für Mensch und Tier sind die gleichen. Berücksichtigt werden müssen aber die unterschiedlichen Ausdrucksformen, die unterschiedliche Anatomie und Physiologie sowie tierartspezifische Erkrankungen. Viele Symptome aus dem Humanbereich, etwa Träume, können nicht zur Diagnose benutzt werden, da Tiere nicht sprechen können.

Tiere. Ihr Körper ist im Aufbau begriffen. Konstitutionell benötigen sie oft Mittel, die regulierend in den Mineralstoffwechsel eingreifen. Sie reagieren dabei sehr sensibel auf homöopathische Mittel. Daher bekommen Welpen üblicherweise nur die halbe Dosis eines Arzneimittels. Bei Erkrankungen sind sie stärker gefährdet, da ihr Körper noch nicht ausgewachsen ist und manche Organe, beispielsweise das Immunsystem, noch nicht voll ausgereift sind. Gehen Sie daher mit erkrankten Jungtieren immer sofort zu Ihrem Tierarzt.

Welche Besonderheiten können während der Behandlung bei alten Hunden auftreten?

Alte Tiere befinden sich nicht mehr im Aufbau. Ihr Stoffwechsel arbeitet im »Erhaltungsmodus«, teilweise lassen Organfunktionen nach. Erkrankungen entwickeln sich oft schleichend, etwa Nierenerkrankungen. Oft sind mehrere Organe betroffen. Daher sollten Sie bei Hunden ab einem Alter von ca. fünf bis zehn Jahren (rasseabhängig) regelmäßig eine allgemeine Untersuchung durchführen lassen. Viele Hunde leiden im Alter an orthopädischen Problemen sowie Herz-, Nieren-, Lebererkrankungen. Je früher diese behandelt werden, desto länger ist die Überlebenszeit. Alte Tiere brauchen sehr oft homöopathische Mittel zur Unterstützung ihrer Organfunktionen und reagieren sehr gut darauf.

Woher bekomme ich homöopathische Arzneimittel?

Homöopathika sind in Deutschland apothekenpflichtig. Sie bekommen sie daher in der Apotheke oder von Ihrem Tierarzt.

Helfen homöopathische Mittel bei Verhaltensproblemen?

Ja, lassen Sie aber vorher unbedingt die Ursache abklären. Manche Verhaltensauffälligkeiten sind nämlich die Folge von Schmerzen oder allgemeinem Unwohlsein. Dann muss diese Ursache behandelt werden. Aber auch »richtige« Verhaltensprobleme können homöopathisch behandelt werden. Oft ist aber unterstützend eine verhaltenstherapeutische Beratung und Therapie nötig.

Behandlung mit Homöopathie

In diesem Kapitel zeige ich Ihnen die homöopathische Behandlung bei den häufigsten Erkrankungen des Hundes. Sie sind im Kopf-Fuß-Schema geordnet. Auch die Therapie von Verhaltensstörungen und Notfällen stelle ich Ihnen vor.

Das richtige Mittel finden

Im ersten Kapitel haben Sie alles Wissenswerte rund um die Homöopathie kennengelernt. In diesem Kapitel steigen Sie nun in die Behandlung ein. Doch bei Tieren ist es schwierig, das richtige Mittel zu finden, denn sie können uns nicht sagen, was ihnen fehlt. Das bedeutet, dass Sie nur über eine genaue Beobachtung Ihres Hundes zu den Symptomen gelangen.

Daran erkennen Sie einen kranken Hund

Wenn Sie engen Kontakt zu Ihrem Hund haben und ihn gut beobachten, werden Sie merken, welches Organ oder welches Symptom Anlass zur Sorge gibt. Da die homöopathische Diagnosefindung aber sehr komplex ist und nur ein vom Normalzustand abweichendes Merkmal dafür nicht ausreicht, sollten Sie überlegen, wo es sonst noch Probleme gibt oder was speziell für Ihren Hund ungewöhnlich ist. Denken Sie dabei nicht nur an offensichtliche Symptome wie Durchfall, Erbrechen, Lahmheit oder Husten. Auch weniger offensichtliche Symptome können auf eine Krankheit hinweisen. Solche Symptome können z. B. sein:

➤ Der Hund verkriecht sich.
➤ Er frisst schlechter.
➤ Er beleckt oder kratzt andauernd einen bestimmten Körperteil.
➤ Körperregionen sind verspannt und »fest«.
➤ Haare stehen hoch oder sind »unordentlich«.
➤ Das Fell ist verfärbt oder schuppig.
➤ Der Hund ist plötzlich aggressiver als sonst.
➤ Er lässt sich an bestimmten Stellen nicht anfassen.
➤ Er trinkt mehr, weniger oder gar nicht.
➤ Er schläft mehr als sonst.
➤ Er hat plötzlichen oder ungewohnten Mundgeruch.
➤ Er bewegt sich ungern.
➤ Er uriniert mehr.
➤ Er uriniert nur noch im Sitzen (Rüde).
➤ Er hat abgenommen.

➤ Er bewegt sich steif und/oder steht schlecht auf.
➤ Er ist anhänglicher als sonst.

Dies sind alles noch keine Symptome im üblichen Sinn, sie zeigen Ihnen aber, dass mit Ihrem Hund etwas nicht stimmt. Beobachten Sie daraufhin Ihren Hund genauer. Notieren Sie am besten alles, was Ihnen im Zusammenhang mit den Beschwerden bei Ihrem Hund auffällt. Das ist auch ein wichtiges Hilfsmittel für den Tierarzt, falls Sie mit der Diagnose allein nicht weiterkommen.

Der Weg zum Mittel am konkreten Beispiel

Das Buch lässt sich auf zweierlei Weise nutzen. Dies möchte ich Ihnen kurz an einem konkreten Beispiel erläutern.

Zugang über die Symptome: Können Sie bei Ihrem Hund eindeutige Symptome feststellen, dann beobachten Sie bitte Ihr Tier im Sinne der fünf W-Fragen: Wer ist krank? Wie, wo und wann treten die Symptome auf? Warum treten sie auf?

Beispiel: Ihr Hund hat wässrige Augen, diese sind aber nicht wund, jedoch gerötet. Außerdem niest er, es fließt wässriges Sekret aus der Nase, die gerötet ist. Sammeln Sie sämtliche Symptome und versuchen Sie, diese bei den ab Seite 56 beschriebenen Krankheiten wiederzufinden. Um Ihnen die Suche zu erleichtern, sind die Krankheiten in ein sogenanntes Kopf-Fuß-Schema eingeteilt. In unserem konkreten Beispiel führen Sie die Symptome zu »Erkrankungen der Augen«. Lesen Sie nun im entsprechenden Kapitel die Krankheiten durch und versuchen Sie, die Diagnose zu stellen. Sie kommen zur Bindehautentzündung (→ Seite 56). Gelingt Ihnen die Diagnose nicht eindeutig, suchen Sie Ihren Tierarzt auf.

Zugang über die Mittelbeschreibung: Haben Sie kein klares körperliches Symptom bei Ihrem Hund erkannt, können jedoch allgemein Abweichungen vom Normalverhalten feststellen (→ Seite 52), dann lesen Sie ab Seite 167 die Beschreibungen der Mittel durch. Sicher finden Sie dann noch weitere Symptome, die auf Ihren Hund zutreffen. Unter »Selbstbehandlung« finden Sie am Ende jeder Mittelbeschreibung eine Querverbindung zum Kapitel mit den Krankheiten und Verhaltensstörungen. Dort können Sie weiterlesen und erfahren, was Ihrem Hund fehlt. Dann geben Sie ihm das Mittel, wie beim Krankheitsbild beschrieben.

➤ **Tipp:** Sicherheitshalber sollten Sie in jedem Fall Ihre Diagnose von einem Tierarzt bestätigen lassen.

Wenn das Mittel nicht wirkt

Folgende Punkte könnten die Ursache sein, wenn es zu keiner Besserung kommt, obwohl Sie das richtige Arzneimittel gewählt haben:

➤ Es handelt sich um die falsche Potenz. Dann schauen Sie noch einmal bei den Mittelbeschreibungen nach und ändern die Potenz, oder Sie fragen einen homöopathisch arbeitenden Tierarzt.

➤ Sie haben das Mittel zu oft, zu selten oder falsch dosiert gegeben. Dann lesen Sie ebenfalls noch einmal nach und geben es in der richtigen Dosis bzw. entsprechend der Mittelbeschreibung häufiger oder seltener.

➤ Die Symptome haben sich geändert, daher ist jetzt ein anderes Mittel erforderlich.

➤ Der Körper ist nicht in der Lage, auf das Mittel zu reagieren (→ Grenzen der Homöopathie, Seite 39).

➤ → Reaktionen auf Homöopathika (Seite 24)

➤ Die Diagnose ist falsch (→ Seite 40).

Aufbau der einzelnen Krankheitsbeschreibungen

Um Ihnen das Auffinden der Krankheitsbilder zu erleichtern, sind die Organsysteme auf den Seiten 56 bis 163 nach dem Kopf-Fuß-Schema sortiert. Das bedeutet, dass ich mit Krankheiten am Kopf beginne und mit Problemen am Bewegungsapparat ende. Anschließend folgen Krankheiten der Haut. Ab Seite 133 folgen Notfälle, ab Seite 153 Verhaltensauffälligkeiten.

Gliederung der Krankheitsbilder: Zu Beginn steht oft eine kurze Beschreibung der Krankheit. Es folgen Ursachen und Symptome, wenn sie allgemeingültig sind (sonst bei den Mittelbeschreibungen), sowie ein Hinweis, wann Sie zum Tierarzt gehen sollten. Wie Sie die Behandlung unterstützen können, erfahren Sie unter »Begleitbehandlung«. Dann folgt die homöopathische Behandlung mit Beschreibung der Mittel.

Gliederung der Mittelbeschreibungen: Ursachen; typische Symptome für dieses Mittel; Modalitäten, d.h., unter welchen Umständen sich die Beschwerden verschlimmern oder bessern; Potenz und Dosierung. Fehlen bei manchen Mitteln Angaben wie Modalitäten oder Ursachen, habe ich sie nicht vergessen; vielmehr sind sie bisher nicht bekannt oder nicht vorhanden.

Dauer der Behandlung: Wenn nichts anderes angegeben ist, verabreichen Sie das ausgewählte Mittel, bis die Symptome verschwunden sind. Wenn neue Symptome auftauchen oder Symptome übrig bleiben, dann wählen Sie ein nun passenderes Mittel. Aus diesem Grund habe ich nicht überall die Dauer ergänzt.

Dosierung der Mittel: Wenn bei Krankheiten von Dosis die Rede ist, dann gilt für

➤ erwachsene Hunde und Junghunde ab 4 Monaten:
Dilution: 5 Tropfen
Tablette: 1 Stück
Globuli: 5 Stück
Trituration: 1 Messerspitze

➤ Welpen:
Dilution: 2–3 Tropfen
Tablette: 1/2 Stück
Globuli: 2–3 Stück
Trituration: 1/2 Messerspitze

Hinweise zur Verabreichung der Mittel finden Sie auf Seite 32 bis 34.

INFO

Maulkorbtraining
Benötigt Ihr Hund in bestimmten Situationen, etwa bei schmerzhaften Behandlungen, einen Maulkorb, sollten Sie dies langsam antrainieren. Machen Sie den Maulkorb angenehm, indem Sie ihn anfänglich z.B. mit Leberwurst einreiben. Duldet der Hund den Maulkorb, belohnen Sie das erwünschte Verhalten. Der Maulkorb muss gut sitzen und darf nicht scheuern.

Erkrankungen der Augen

Mit Homöopathika können Sie bei Augenerkrankungen die Heilung unterstützen; sie reichen allein zur effektiven Behandlung sehr oft nicht aus. Meist benötigen Sie zusätzlich z. B. Augentropfen oder -salben.

Bindehautentzündung (Konjunktivitis)

Als Bindehaut (Konjunktiva) wird die Schleimhaut auf der Innenseite der Augenlider bezeichnet. Sie ist normalerweise leicht rosa gefärbt.

Ursachen: Unfall (Schlag oder Stoß); Infektion durch Viren oder Bakterien; Zug; Fremdkörper wie Staub, Pollen oder ins Auge pikende Haare; reizende Stoffe in der Umgebung; Folge einer anderen Erkrankung, z. B. einer Allgemeininfektion wie fieberhaftem Infekt; Verlegung des Tränen-Nasen-Kanals

Symptome: Tränenfluss (wässrig oder schleimig), gerötete Bindehäute, zugeschwollene Augen, eitriger, gelblicher oder grünlicher Augenausfluss, Juckreiz (der Hund reibt ständig mit den Pfoten an den Augen oder scheuert sie an Gegenständen, z. B. Teppich), Lichtscheue

➤ **Hinweis:** Schmerzhaftigkeit erkennen Sie an Berührungsempfindlichkeit und Zukneifen der Augen.

Wann zum Tierarzt? Da Erkrankungen des Auges sehr schnell zu dauerhaften Schäden bis zur Blindheit und zum Verlust des Auges führen können, sollten Sie bei stärkeren Symptomen wie starkem oder auch eitrigem Ausfluss oder Schmerzen immer sofort den Tierarzt aufsuchen; bei leichteren Symptomen wie leichtem Tränenfluss oder leichter Rötung sollten Sie spätestens nach zwei Tagen erfolgloser Therapie zum Tierarzt gehen.

Begleitbehandlung: Messen Sie unbedingt die Körperinnentemperatur (= Fieber), um einschätzen zu können, ob eine Allgemeinerkrankung vorliegt. Zur Reinigung der verklebten Haare um die Augen erhalten Sie von Ihrem Tierarzt spezielle Reinigungstücher und -spülungen. Bei leichten Reizzuständen haben sich Augentropfen mit Euphrasia (z. B. Euphravet®) bewährt.

➤ **Homöopathische Behandlung:** Die aufgeführten Mittel helfen bei einfachen Bindehautentzündungen.

Euphrasia (*Euphrasia officinalis*, Augentrost)
Symptome: Bindehäute stark gerötet, wässriges Augentränen mit wund machendem Ausfluss (daher evtl. juckend); Hund zeigt Schmerzreaktionen (→ links); evtl. milder wässriger Nasenausfluss; Lichtempfindlichkeit
Verschlimmerung: abends
➤ Potenz, Dosierung: D2, D3, 3 x 1 Dosis (→ Seite 55)

Allium cepa (*Allium cepa*, Küchenzwiebel)
Ursachen: Infektion, Zug
Symptome: gerötete Bindehäute, wässriger Augenausfluss, nicht wund machend (wie beim Zwiebelschneiden); evtl. in Kombination mit wund machendem Nasenausfluss (umgekehrt wie bei Euphrasia)
Verschlimmerung: bei Wärme, abends, nachts
Besserung: im Freien, in der Kälte
➤ Potenz, Dosierung: D3, 3 x 1 Dosis (→ Seite 55)

Apis (*Apis mellifica*, Honigbiene)
Symptome: stark geschwollene Bindehäute, Farbe eher hellrot, Augen können ganz zugeschwollen sein, wässriger Augenausfluss; Lichtscheue; Hund zeigt Schmerzreaktionen (→ links)
Verschlimmerung: durch lauwarme/warme Umschläge, Berührung, Druck
Besserung: durch kühle Umschläge
➤ Potenz, Dosierung: D3, D4, 3 x 1 Dosis (→ Seite 55)

Mercurius solubilis Hahnemanni (Quecksilber nach Hahnemann)
Symptome: geschwollene, gerötete Bindehäute, dünnflüssiges, wund machendes, grünlich-eitriges Sekret mit unangenehmem Geruch; Hund zeigt Schmerzreaktionen (→ links); Lichtscheue
Verschlimmerung: durch Wärme
➤ Potenz, Dosierung: D8, 2 x 1 Dosis (→ Seite 55), maximal 2 bis 3 Tage; wahrscheinlich ist ein Antibiotikum nötig, Tierarzt aufsuchen

Pulsatilla (*Pulsatilla pratensis*, Küchenschelle)
Symptome: gelbliches oder gelblich grünes, cremiges, mildes, nicht wund machendes Sekret, Bindehaut und

Augenlider jucken und sind gerötet, gelb oder gelbgrün verklebte Augenlider; die Bindehautentzündung besteht meist schon etwas längere Zeit
Besserung: an der frischen Luft
➤ Potenz, Dosierung: D4, D6, 3 x 1 Dosis (→ Seite 55)

Follikuläre Bindehautentzündung

Die Erkrankung betrifft überwiegend Welpen und Junghunde bis zu 2 Jahren. Es handelt sich um das Anschwellen der Lymphplatte an der inneren Seite des dritten Augenlids (dieses befindet sich, verdeckt von Ober- und Unterlid, im inneren Augenwinkel) und der Lymphknötchen der Bindehäute.
Ursachen: ständige Reize, etwa ständiges Graben bei Welpen, ständiger Zug; angeborene Veränderungen wie ein Entropium (Augenlider sind zu eng und nach innen eingerollt und reiben am Auge)
Allgemeine Symptome: wie bei Bindehautentzündung (→ Seite 56), die Symptome kommen nach erfolgreicher Behandlung aber immer wieder
Wann zum Tierarzt? Immer, da das dritte Augenlid (die sogenannte Nickhaut) nur vom Tierarzt untersucht werden kann. Nichtbehandlung führt zu chronischen Veränderungen des Auges.
➤ **Homöopathische Behandlung:** Zur Unterstützung die bei Bindehautentzündung (→ Seite 56) genannten homöopathischen Mittel. Weiterhin kommt folgendes Mittel infrage:
Argentum nitricum (Salpetersaures Silber, Silbernitrat, Höllenstein)
Symptome: Bindehaut gerötet, milder, gelblicher Ausfluss, kleine Knötchen an den Bindehäuten; wenig schmerzhaft
➤ Potenz, Dosierung: D6, 3 x 1 Dosis (→ Seite 55)

Verletzung des Auges

Ursachen: Traumen wie z.B. Stoß, Schlag oder Stich; Verletzungen nach Unfällen oder nach Kämpfen mit anderen Hunden, wenn eine Kralle oder ein Zahn in die Bindehaut oder, schlimmer, in die Hornhaut eingedrungen ist. Auch Pflanzenteile wie Kaktusstacheln oder Gräser können Verletzungen hervorrufen.

➤ **Wichtig:** Wenn ein Fremdkörper in der Hornhaut steckt, sollten Sie ihn nicht selbst herausziehen. Es besteht die Gefahr, dass die Hornhaut verletzt/perforiert wird und die vordere Augenkammer ausläuft.

Beim Graben fliegt viel Schmutz und Erde in die Augen des Hundes und kann zu Bindehautentzündung führen.

Wann zum Tierarzt?

Suchen Sie mit Ihrem Hund möglichst sofort Ihren Tierarzt auf. Er kann durch spezielle Untersuchungen feststellen, ob die Hornhaut verletzt ist und ob die Gefahr des Auslaufens der vorderen Augenkammer besteht. Es sind stets antibiotische Augenmedikamente nötig, um die immer vorhandene bakterielle Infektion zu bekämpfen.

Als Folge von einem Stoß oder Schlag bei Unfällen oder Kämpfen können sich Blutergüsse, Verletzungen oder Zerreißungen im Auge bilden. Auch hier sollten Sie zur genaueren Untersuchung einen Tierarzt aufsuchen. Zur Behandlung gibt es spezielle Medikamente, die auch tiefer ins Auge eingebracht werden können. Unter Umständen, wie zum Beispiel bei einer Hornhautverletzung, kann eine Operation nötig werden.

➤ **Homöopathische Behandlung:** Folgende Homöopathika können Sie unterstützend einsetzen.

Arnica (Arnica montana)

Ursachen: Folge von Unfall, Verletzung

Symptome: Schmerzhaftigkeit, starke Berührungsempfindlichkeit; Blutungen im Auge oder in den Bindehäuten; nach Augenoperationen

Verschlimmerung: durch Bewegung, Berührung

➤ Potenz, Dosierung: D4, D6, 3 x 1 Dosis; C30, 1 x
1 Dosis (→ Seite 55)
Symphytum (*Symphytum officinale*, Beinwell)
Ursachen: Schlag mit einem stumpfen Gegenstand
Symptome: schmerzhafte Verletzung, z.B. ein Bluterguss
ums Auge oder in der vorderen Augenkammer; wenn
Arnica nicht hilft (empirisch, → Glossar, Seite 241)
➤ Potenz, Dosierung: D2, D3, 3 x 1 Dosis (→ Seite 55)

Hornhautentzündung (Keratitis)

Die Hornhaut (Cornea) ist die vordere durchsichtige
Schicht des Auges. Sie dient als vorderer Abschluss, be-
wirkt die optische Brechung des eintretenden Lichts
und schützt das Auge.
Ursachen: Infektionen mit Viren, Bakterien und Pilzen;
Verletzungen als Folge von Schlag, Stich oder Stoß;
Autoimmunerkrankungen (→ Glossar, Seite 240) wie
Dackel- oder Schäferhundkeratitis (CSK)
Allgemeine Symptome: Die Hornhaut wird lokal trüb
oder milchig. Besteht die Entzündung länger, wachsen
von der Seite Blutgefäße ein. Dies ist eine Reaktion des
Körpers, um die Heilung zu unterstützen.
Wann zum Tierarzt? Da es zu dieser Gefäßeinsprossung
nicht kommen sollte – die Heilung dauert dann meist
wesentlich länger oder ist nicht mehr möglich –, sollten
Sie bei einer Hornhautentzündung immer sofort zum
Tierarzt gehen. Auch eine Hornhauttrübung muss so
schnell wie möglich vom Tierarzt behandelt werden, um
zu verhindern, dass sichtbare Narben zurückbleiben.
Die Behandlung muss lange genug fortgeführt werden.
Fast immer ist die Hornhautentzündung von einer Bin-
dehautentzündung (→ Seite 56) begleitet.
➤ **Homöopathische Behandlung:** Homöopathika kön-
nen nur unterstützend zum Einsatz kommen. Als An-
fangsmittel kommt häufig für die ersten sieben Tage
Euphrasia (→ Seite 197) infrage.
Mercurius solubilis Hahnemanni (Quecksilber nach
Hahnemann)
Symptome: geschwollene, gerötete Bindehäute, dünn-

flüssiges, wund machendes, grünlich-eitriges Sekret, unangenehmer Geruch des Sekrets; der Hund zeigt Schmerzreaktionen (→ Seite 56); Lichtscheue; Hornhautgeschwür (sieht aus wie ausgestanzt). Oft bei Herpes-Virusinfektionen

Verschlimmerung: durch Wärme

➤ Potenz, Dosierung: D8, 2 x 1 Dosis (→ Seite 55)

Silicea (Acidum silicicum, Kieselsäure)

Ursachen: Narbengewebe und bindegewebige Verklebungen (das Mittel kann daher auch zur Nachbehandlung von Hornhautnarben benutzt werden)

➤ Potenz, Dosierung: D6, 2 x 1 Dosis; D12, 1 x 1 Dosis (→ Seite 55)

➤ **Wichtig:** Bei Autoimmunerkrankungen wie CSK (→ Seite 60) können die genannten Mittel nur unterstützend gegeben werden. Eine schulmedizinische Therapie ist anzuraten, um den Verlust der Augen zu verhindern. Zusätzlich ist eine Konstitutionsbehandlung durch einen erfahrenen Homöopathen sinnvoll.

Grauer Star (Katarakt)

Beim sogenannten grauen Star handelt es sich um eine Trübung der Linse. Diese Erkrankung tritt meist bei älteren Tieren auf. Beim Blick durch die Pupille erscheint das Auge des Hundes milchig und trüb.

Ursachen: degenerative Veränderungen von Linse und Linsenkapsel

Wann zum Tierarzt? Die Diagnose sollte immer ein Tierarzt bestätigen.

➤ **Homöopathische Behandlung:** Mit dem genannten Mittel kann oft nur das Fortschreiten aufgehalten werden. Alternativ kann das Konstitutionsmittel des Hundes versuchsweise angewendet werden.

Silicea (Acidum silicicum, Kieselsäure)

Ursachen: Veränderungen der bindegewebigen Strukturen der Linsenkapsel (Tipp: Probieren Sie, ob das Mittel das Fortschreiten der Veränderung aufhalten kann.)

➤ Potenz, Dosierung: D6 oder D12, 2 x 1 Dosis (→ Seite 55); mindestens mehrere Wochen

Erkrankungen der Ohren

Der Gehörgang des Hundes sollte nie mit Wattestäbchen oder Ähnlichem gereinigt werden, da durch diese Manipulation das Ohrenschmalz zumeist in den Gehörgang zurückgeschoben und damit ein Ohrschmalzpfropf verursacht wird. Reinigen Sie nur die äußerlich sichtbare Ohrmuschel mit einem weichen Tuch in den Falten, wenn es erforderlich ist. Bei ungewohntem Geruch oder Aussehen sollten Sie den Tierarzt aufsuchen.

Ohrenentzündung (Otitis externa)

Ursachen: Ohrmilben (ansteckend), Befall mit Bakterien und Hefepilzen; Fremdkörper wie Grassamen; Bissverletzungen; Zubildungen im Gehörgang wie Warzen oder Tumore; ein Ohrschmalzpfropf/-stau, begünstigt auch durch viele Haare im Gehörgang

➤ **Besonderheit:** Otitiden können auch Folge von Allergien, Hormonstörungen oder anderen Erkrankungen (z. B. der Leber) sein. Ein zu hoher Eiweißanteil im Futter kann ebenfalls eine Ohrenentzündung verursachen. Hier muss zusätzlich die Grunderkrankung/-ursache behandelt werden. Manchmal sind Verengungen des Gehörgangs auch angeboren; dies kann natürlich nicht behoben werden, diese Ohren müssen regelmäßig mit Ohrreinigern gepflegt werden.

Allgemeine Symptome: Der Hund kratzt an den Ohren, schüttelt den Kopf, reibt die Ohren am Teppich; er hält den Kopf schief; gerötete, bei Berührung schmerzhafte Ohren; übler Geruch und Ausfluss aus dem Ohr

Wann zum Tierarzt? Sie sollten immer einen Tierarzt aufsuchen. Er entfernt Sekret und evtl. vorhandene Fremdkörper aus dem Gehörgang, außerdem tötet er medikamentös (etwa mit Ohrensalben) Milben, Bakterien und Pilze ab. Ohne fachgerechte Behandlung kann eine Ohrenentzündung zur Taubheit führen. Durch eine Verletzung des Trommelfells, verursacht z. B. durch eine starke Entzündung oder einen Fremdkörper, kann auch eine Mittelohrentzündung entstehen.

Begleitbehandlung: Geben Sie zusätzlich zu den homöopathischen Mitteln Ohrreiniger oder Ohrensalben nach Anweisung Ihres Tierarztes. Zu viele Haare am Gehörgang müssen ausgezupft werden. Hunde, die gern schwimmen, dürfen während der Behandlung nicht ins Wasser.

➤ **Homöopathische Behandlung:** Mit homöopathischen Mitteln unterstützen Sie die ärztliche Behandlung, die Mittel reduzieren die Schmerzen schneller, das Ohr heilt dadurch rascher ab.

Hepar sulfuris (Kalkschwefelleber, Hahnemanns Calciumsulfid)

Symptome: akute Eiterung; starke Schmerzhaftigkeit, große Berührungsempfindlichkeit; Geruch des Sekrets und aus dem Ohr nach altem Käse; gelblich-grünliches oder wässriges Sekret

Verschlimmerung: durch trockene Kälte, morgens

Besserung: durch Wärme, feuchtes Wetter

➤ **Wichtig:** Das Mittel ist meist nur 2 bis 3 Tage nötig; entweder ist dann die Entzündung abgeklungen, oder es ist ein Folgemittel nötig.

➤ Potenz, Dosierung: D8, 2 bis 3 x 1 Dosis (→ Seite 55)

Mercurius solubilis Hahnemanni (Quecksilber nach Hahnemann)

Symptome: gerötete Haut, Geschwüre; helle, dünnflüssige, wund machende Beläge im Gehörgang, unangenehmer Geruch; der Hund zeigt Schmerzreaktionen, indem er mit der Pfote am Ohr kratzt, stechender Schmerz

Verschlimmerung: nachts, bei Wärme, Kälte

Besserung: bei Ruhe

➤ **Wichtig:** Die Entzündungen sind einige Tage alt.

➤ Potenz, Dosierung: D8, 2 x 1 Dosis (→ Seite 55)

Causticum Hahnemanni (Ätzstoff Hahnemanns)

Symptome: Entzündung ist mindestens schon einige Tage alt, meist aber schon chronisch; Sekret hell, honigartig, klebrig; im Gehörgang Wülste wie glatte Warzen (nur vom Tierarzt mit dem Otoskop festzustellen)

➤ Potenz, Dosierung: D6, 2 x 1 Dosis (→ Seite 55); länger geben, meist mindestens 3 bis 6 Wochen, bei wiederkehrender Entzündung wiederholen

Silicea (Acidum silicicum, Kieselsäure)
Ursachen: bindegewebige Strukturen (→ Glossar, Seite 240; da das Mittel solche Strukturen nach meiner Erfahrung auflöst, sollte es ausprobiert werden)
➤ **Wichtig:** Zur Nachbehandlung von chronischen Gehörgangsentzündungen, wenn der Gehörgang verdickt und verengt ist
➤ Potenz, Dosierung: D6, 2 x 1 Dosis; D12, 1 x 1 Dosis (→ Seite 55); das Mittel mindestens zwei Wochen geben

Othämatom

Beim Othämatom handelt es sich um einen Bluterguss in der Ohrmuschel.
Ursachen: ständiges Kopfschütteln bei starker Ohrenentzündung; Folge von Bissen und anderen Traumen; möglicherweise Immunstörungen
Wann zum Tierarzt? Sie sollten immer zum Tierarzt gehen, da er feststellen muss, ob evtl. eine Operation oder zumindest eine Punktion erforderlich ist oder ob Antibiotika oder Ohrensalben anzuwenden sind. Ein Abszess muss ausgeschlossen werden.
Begleitbehandlung: Sind Narben entstanden, sollte ein Physiotherapeut diese massieren.
➤ **Wichtig:** Verhindern Sie, dass Ihr Hund seinen Kopf schüttelt und am Ohr kratzt (fragen Sie dazu am besten Ihren Tierarzt).
➤ **Homöopathische Behandlung:** Durch Homöopathika lassen sich häufig Operationen vermeiden, da das Ergebnis der homöopathischen Behandlung oft gleich gut oder besser ist. Wenn doch operiert werden muss, erfolgt die Heilung meist mit weniger Narbenbildung. Hat Ihr Tier immer wieder Othämatome, ist eine Konstitutionsbehandlung sinnvoll. Neben den folgenden Mitteln kommen evtl. auch Hamamelis und Bellis perennis (→ Blutergüsse, Seite 138, 139) infrage.
Arnica (Arnica montana)
Ursachen: Schlag, Verletzung
Symptome: dicke, warme, weiche Ohrmuschel mit rötlicher, manchmal leicht bläulicher Haut; Schmerzen der

Ohrmuschel; der Hund schüttelt den Kopf vorsichtig
Verschlimmerung: bei Berührung, Bewegung
➤ Potenz, Dosierung: C30, 1 x 1 Dosis (→ Seite 55) bis
zum Verschwinden oder bis zur Bildung von festem
Narbengewebe

Silicea (Acidum silicicum, Kieselsäure)
Ursachen: narbige, bindegewebige Strukturen (→ Glossar, Seite 240), die im Gegensatz zu Conium (→ unten)
nicht schmerzhaft sind
➤ **Besonderheit:** Zur Nachbehandlung nach Arnica,
wenn das Gewebe fest geworden ist; zur Nachbehandlung nach einer Operation, wenn Narbengewebe entsteht. Probieren Sie aus, ob das Mittel hilft.
➤ Potenz, Dosierung: D6, 2 x 1 Dosis; D12, 1 x 1 Dosis
(→ Seite 55) bis zum Verschwinden der narbigen Verdickung, mindestens 4 bis 6 Wochen; wenn dann keine
Besserung eintritt, absetzen

Conium (*Conium maculatum*, Gefleckter Schierling)
Ursachen: Narben nach Othämatom
Symptome: schmerzhafte, knorpelige Verdickungen in
der Ohrmuschel
➤ Potenz, Dosierung: D4, D6, 3 x 1 Dosis über 3 bis 6
Wochen; wenn dann keine Besserung eintritt, absetzen

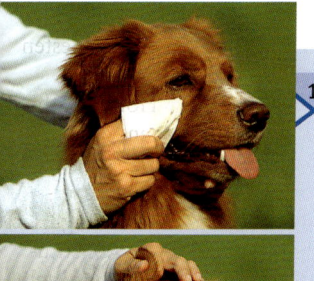

1 *Entfernen Sie bei entzündeten Augen das Sekret
mit einer Reinigungslösung und einem weichen
Tuch aus dem Fell.*

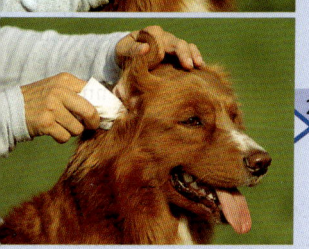

2 *Säubern Sie nur äußerlich die Ohrmuschel mit
einem weichen Tuch. Den
Gehörgang selbst darf
nur der Tierarzt reinigen.*

Erkrankungen der Mundhöhle

Erkrankungen im Maulbereich äußern sich beim Hund in folgenden Symptomen:

➤ Vermehrter Speichelfluss, der Speichel ist auch verändert (trüb, blutig, schleimig), evtl. Blutungen.

➤ Der Maulbereich ist verschmiert, klebrig.

➤ Er frisst weniger oder überwiegend weiches Futter.

➤ Er kaut nur auf einer Seite oder sehr vorsichtig.

➤ Er reibt häufig mit der Pfote über das Maul oder reibt die Schnauze über den Teppich.

➤ Der Hund hat Mundgeruch.

Zahnwechsel

Der Zahnwechsel beginnt um die 16. Lebenswoche mit den kleinen Frontzähnchen und endet mit sechs bis acht Monaten mit den Reißzähnen. Welpen haben 28, erwachsene Hunde nach dem Wechsel 42 Zähne.

Ursachen: Probleme beim Zahnen

Allgemeine Symptome: Probleme beim Zahnwechsel äußern sich in Speichelfluss, schlechtem Fressen und Weinen.

Wann zum Tierarzt? bei Fieber; wenn der Welpe nicht frisst; wenn die Symptome trotz Behandlung nach einem Tag nicht verschwunden sind

Begleitbehandlung: Unterstützend zur homöopathischen Arznei können Sie versuchen, das Zahnfleisch zu kühlen, z. B. mit gekühlten Beißringen oder indem Sie immer mal wieder Eiswürfel (→ Tipp, Seite 145) für etwa eine Sekunde auf das gerötete Zahnfleisch legen.

➤ **Homöopathische Behandlung:**

Belladonna (*Atropa belladonna*, Tollkirsche)

Symptome: Fieber; kein Appetit; schmerzhaftes Zahnfleisch

Verschlimmerung: durch Berührung, Geräusche

➤ Potenz, Dosierung: D6, alle 30 Minuten 1 Dosis (→ Seite 35); alternativ C30, 1 x 1 Dosis (→ Seite 55)

Chamomilla (*Matricaria chamomilla*, Echte Kamille)

Symptome: schmerzhafter Zahnwechsel, wobei die

Schmerzäußerungen übertrieben scheinen; der Welpe frisst nicht, ist reizbar, schreit; lässt sich nicht untersuchen; Speichelfluss; es sind sogar Krämpfe möglich
Verschlimmerung: durch Berührung, nachts, bei Wärme
Besserung: beim Umhertragen
➤ Potenz, Dosierung: D3, alle 30 Minuten bis 2 Stunden 1 Dosis; C30, 1 x 1 Dosis (→ Seite 55)
➤ **Besonderheit:** Hat Ihr Hund im Alter von 8 Monaten noch Milchzähne oder »doppelte« Zähne (Milchzahn und bleibender Zahn nebeneinander), müssen die Milchzähne vom Tierarzt entfernt werden. Dieses Problem gibt es häufig bei kleinen Rassen wie Yorkshire Terrier. Homöopathisch können Sie den Wechsel mit dem passenden homöopathischen Jungtierkonstitutionsmittel (→ Seite 167) unterstützen. Geben Sie es, sobald Sie »doppelte« Zähne sehen.

Zahnstein

Zahnstein kommt insbesondere bei älteren Hunden (altersbedingt) vor allem kleiner Rassen sowie bei kurzköpfigen Hunderassen wie King Charles Spaniel, Boxer (genetische Disposition) häufig vor. Bei solchen Rassen werden durch die Fehlstellung der Zähne die Ablagerungen, die Plaques, nicht so gut abgespült.
Ursachen: Zahnstein entsteht, wenn sich weiche Beläge, die sogenannten Plaques, durch im Speichel vorliegende Mineralien und Bakterien verhärten. Die Bildung von Plaques wird durch »falsches« Futter (z. B. zu viel Eiweiß), Störungen im Immunsystem und anatomische Besonderheiten wie Zahnfehlstellungen gefördert.
Allgemeine Symptome: gelbliche bis braune Auflagerungen auf den Zähnen; Beginn der Bildung bei den meisten Hunden an den Reißzähnen des Oberkiefers
Wann zum Tierarzt? Vorhandener Zahnstein muss immer vom Tierarzt entfernt werden.
Begleitbehandlung: Plaques entstehen durch Futterreste, Speichel und Bakterien. Diese können Sie bei Ihrem Hund durch Putzen der Zähne mit einer kleinen Zahnbürste entfernen. Sie sollten dies einmal täglich (wenn

möglich nach der Hauptmahlzeit) durchführen. Gewöhnen Sie schon Ihren Welpen an diese Putzaktion, dann wird sich Ihr Hund auch später die Zähne säubern lassen. Falls dies bei Ihrem Hund nicht möglich ist, gibt es folgende Möglichkeiten, die Plaques zu entfernen:

➤ Spezialfutter, Kauröllchen und anderes spezielles Zusatzfutter (Tierarzt, Zoofachhandel): Durch die spezielle Struktur des Trockenfutters sinkt der Zahn in den Futterbrocken ein und wird dadurch »abgeputzt«.

➤ Fütterung von Futter, das Enzyme freisetzt: Die Enzyme lösen die Plaques auf. Seit einiger Zeit gibt es auch Zahncreme, die nur in das Maul eingebracht werden muss und die Plaques mithilfe von Enzymen auflöst.

➤ **Homöopathische Behandlung:**
Fragaria vesca (Walderdbeere)
Dieses Mittel sollten Sie ausprobieren, wenn Ihr Hund eine Narkose nicht verträgt und sich den Zahnstein nicht ohne Narkose entfernen lässt. Nach Erfahrungen in der Praxis ist Fragaria vesca in der Lage, bei einigen Hunden Zahnstein aufzulösen, sodass er weich wird. Er kann dann mit den unter »Begleitbehandlung« erwähnten Mitteln zur Plaqueentfernung/-vorbeugung (→ Seite 67) beseitigt werden.

➤ Potenz, Dosierung: D2, D6, 3 x 1 Dosis (→ Seite 55); für mindestens drei Monate geben. Haben sich die Plaques dann nicht reduziert oder aufgelöst, wirkt das Mittel bei Ihrem Hund nicht. Wenn der Zahnstein teilweise verschwunden ist, sollten Sie die Behandlung fortführen, da es je nach Dicke des Zahnsteins einige Zeit zur Auflösung braucht. Ist der Zahnstein entfernt, beenden Sie die Behandlung. Nicht vorbeugend einsetzen!

Zahnfleisch-, Mundschleimhautentzündung

Ursachen: Zahnstein; Verletzungen; verschiedene lokale Infektionen (Viren, Bakterien, Pilze); Mangelerscheinungen (Mineralstoffe, Vitamine); Fremdkörper (Knochen, Stöckchen); chronische Erkrankungen (Nieren- und Lebererkrankungen, Diabetes); akute Allgemeininfektionen (auch Staupe, Leptospirose, → Glossar, Seite

243, 245); Störungen im Immunsystem; rassebedingte Dispositionen (z. B. Pekinese, Zwergpudel)

Wann zum Tierarzt? Wegen der vielen möglichen Ursachen sollten Sie vor einer Behandlung die Ursache immer durch Ihren Tierarzt abklären lassen.

➤ **Homöopathische Behandlung:** Die Homöopathika können Sie je nach Grunderkrankung allein oder in Kombination mit anderen Therapien oder homöopathischen Arzneien, auch Konstitutionsmitteln, anwenden.

Mercurius solubilis Hahnemanni (Quecksilber nach Hahnemann)

Symptome: am Zahnrand gerötetes Zahnfleisch oder/und weitere gerötete, schmerzhafte, leicht blutende Schleimhäute; unangenehmer Mundgeruch; Speicheln

➤ **Tipp:** Das Mittel kann anstelle oder in Kombination mit einem Antibiotikum vor einer Zahnsteinentfernung sowie noch einige Tage danach gegen die Zahnfleischentzündung gegeben werden.

➤ Potenz, Dosierung: D8, 2 x 1 Dosis (→ Seite 55)

Apis (*Apis mellifica*, Honigbiene)

Symptome: hellrote, weiche Schwellung des Zahnfleischs oder der Mundschleimhaut, die schmerzhaft und berührungsempfindlich ist; Bläschenbildung am Zahnfleisch und an der Maulschleimhaut

Besserung: durch Kälte

➤ Potenz, Dosierung: D3, D4, 3 x 1 Dosis (→ Seite 55)

INFO

Knochenfütterung

Heutzutage sollten Sie Ihrem Hund keine Knochen mehr füttern. Im Unterschied zu früher ist er auf Knochen als Mineralstofflieferant nicht mehr angewiesen. Mineralien bekommt der Hund über das Fertigfutter. Knochen können im Verdauungstrakt stecken bleiben und zu Verletzungen führen. Außerdem können sie Verstopfungen hervorrufen, die manchmal sogar nur operativ entfernt werden können. Zum Kauen geben Sie Ihrem Hund besser die im Zoohandel erhältlichen Kauartikel.

Erkrankungen der Atemwege

Im Bereich der Atemwege können verschiedene Gewebe einzeln oder in Kombination erkranken. Folgende Erkrankungen können auftreten:

➤ Entzündung der Nasenschleimhaut (Rhinitis)
➤ Entzündung der Nasennebenhöhlen (Sinusitis)
➤ Mandelentzündung (Tonsillitis)
➤ Rachenentzündung (Pharyngitis)
➤ Kehlkopfentzündung (Laryngitis)
➤ Entzündung der Luftröhre (Tracheitis)
➤ Entzündung der Bronchien (Bronchitis)
➤ Lungenentzündung (Pneumonie)

Ursachen dieser Erkrankungen können sein: Infektionen (Viren, Bakterien, Pilze); Parasiten; Allergien; Fremdkörper; Verletzungen/Unfall; Tumoren; Herzerkrankungen; Vergiftungen

Zur Abklärung einer Erkrankung im Bereich der Atemwege, die nach zwei bis drei Tagen nicht abklingt oder die sich sogar zusehends verschlimmert, sollten Sie Ihren Tierarzt aufsuchen.

Erkrankungen von Nase, Hals, Rachen und Nebenhöhlen

Ursachen: Infektionen (Viren, Bakterien, Pilze); Parasiten; Allergien; Fremdkörper; Verletzungen/Unfall; Tumoren; Vergiftungen

Allgemeine Symptome: Fieber; Niesen, Ausfluss aus der Nase oder dem Maul; Heiserkeit; Lymphknotenschwellung; Schluckbeschwerden, Würgen

Wann zum Tierarzt? Der Hund sollte in jedem Fall dem Tierarzt vorgestellt werden.

➤ **Homöopathische Behandlung:**

Allium cepa (*Allium cepa*, Küchenzwiebel)
Ursachen: Infektion; Zug
Symptome: wund machender, wässriger Nasenausfluss; häufiges Niesen, oft anfallweise; oft auch gleichzeitig nicht wund machender Augenausfluss
Verschlimmerung: bei Wärme, abends, nachts

Besserung: im Freien, in der Kälte
➤ Potenz, Dosierung: D3, 3 x 1 Dosis (→ Seite 55)

Euphrasia (*Euphrasia officinalis*, Augentrost)
Symptome: milder, wässriger Nasenausfluss; stark gerötete Bindehäute; wässriges Augentränen, wund machender Ausfluss (daher evtl. juckend); Hund zeigt Schmerzreaktionen; ist lichtempfindlich
Verschlimmerung: abends
➤ Potenz, Dosierung: D2, D3, 3 x 1 Dosis (→ Seite 55)

Belladonna (*Atropa belladonna*, Tollkirsche)
Ursachen: Infektion; Folge von Hitze
Symptome: Die Erkrankung beginnt plötzlich; meistens steigt das Fieber innerhalb eines halben bis ganzen Tages auf bis zu 40 °C; der Hund ist apathisch und will sich nicht bewegen; hochrote und trockene Bindehäute, Nasen- und Rachenschleimhäute; stark klopfendes Herz; kalte Füße, Schweiß an den Fußballen; kein Durst. Es kann Nasenbluten auftreten; der Hund kann heiser sein. Trockener, lauter, heiserer Husten; oft bei Zwingerhusten (→ Seite 75) im Anfangsstadium
Verschlimmerung: bei Berührung, durch Geräusche, Kälte, Nässe, Licht
➤ Potenz, Dosierung: D6 oder D30, einmal je Stunde innerhalb von 2 Stunden 1 Dosis, dann abwarten (→ Seite 55). Wenn eine Wirkung eintritt, warten Sie erst einmal ab und wiederholen die Gabe nicht. Wenn eine Wirkung eintritt, aber nach gewisser Zeit die gleichen Symptome wieder erscheinen, dann weiter D6, 3 x 1 Dosis. Wenn keine Wirkung eintritt oder neue Symptome auftreten, wählen Sie ein neues Mittel aus.

Lachesis (*Lachesis muta*, Buschmeisterschlange)
Ursachen: Infektion, oft Viren
Symptome: häufiges Niesen, auch anfallsweise, aber mit wenig Ausfluss; gerötete Augen, wässriger Ausfluss; bläulich rote Schleimhäute; sich langsam entwickelndes Fieber, oft nicht über 39,8 °C; wenig Appetit; berührungsempfindlicher Hals; Flüssiges lässt sich schlechter schlucken als Festes
Linksseitigkeit: Die Symptome beginnen links und sind links stärker; der linke Halslymphknoten ist

geschwollen. Auch wenn keine Linksseitigkeit vorhanden ist, sollten Sie Lachesis dennoch anwenden, wenn alle anderen Symptome passen.

Verschlimmerung: nach dem Schlafen; Niesen wird an kalter Luft schlimmer

Besserung: an frischer Luft

➤ Potenz, Dosierung: D8 oder D12, 2 bis 3 x täglich 1 Dosis (→ Seite 55)

Mercurius solubilis Hahnemanni (Quecksilber nach Hahnemann)

Symptome: gerötete und geschwollene Mandeln, beidseitig geschwollene Halslymphknoten; geröteter Rachen, im Rachen helle Beläge; dünnflüssiges und wund machendes Sekret, unangenehmer Geruch des Sekrets und aus dem Maul; Hund zeigt Schmerzreaktionen beim Fressen oder Trinken, ist berührungsempfindlich; eventuell sind leicht blutende Geschwüre in der Schleimhaut vorhanden; Schluckbeschwerden; viel Durst

Verschlimmerung: durch Wärme, Kälte (die Tiere vertragen keine extremen Temperaturunterschiede), nachts

➤ Potenz, Dosierung: D8, 2 x 1 Dosis (→ Seite 55)

Hepar sulfuris (Kalkschwefelleber, Hahnemanns Calciumsulfid)

Symptome: akute Eiterung, gelblich-grünliches oder wässriges, wund machendes Sekret; der Hund bekommt keine Luft, schnieft; Geruch nach altem Käse aus dem Maul; Fieber oder erhöhte Temperatur

Verschlimmerung: durch trockene Kälte, morgens

Besserung: durch Wärme, feuchtes Wetter

➤ **Wichtig:** Anfangsmittel (→ Glossar, Seite 240), nur für 1 bis 2 Tage geben

➤ Potenz, Dosierung: D8, 2 bis 3 x 1 Dosis (→ Seite 55)

Pulsatilla (*Pulsatilla pratensis*, Küchenschelle)

Symptome: ein- oder beidseitiger Nasenausfluss, gelbliches oder gelblich grünes, nicht wund machendes, mildes Sekret; häufiges Mittel bei Staupe (→ Seite 245)

➤ Potenz, Dosierung: D4, D6, 3 x 1 Dosis (→ Seite 55)

Kalium bichromicum (Kaliumdichromat)

Symptome: entweder subakute oder chronische oder wiederkehrende Erkrankung; zähes, schleimiges, faden-

ziehendes, sehr klebriges, weißlich-gelbliches Sekret mit unangenehmem Geruch; wie ausgestanzte Geschwüre in der Nase oder in der Mundhöhle und auf der Zunge
Verschlimmerung: durch Nässe, Kälte, morgens
➤ Potenz, Dosierung: D4, 3 x 1 Dosis (→ Seite 55)
Hydrastis (*Hydrastis canadensis*, Kanadische Gelbwurz)
Symptome: bei akuter Erkrankung wässriges, wund machendes Sekret aus der Nase, mit Blutbeimengungen; bei subakuter bis chronischer Erkrankung gelbliches, fadenziehendes Sekret mit Blut
Verschlimmerung: durch Kälte
➤ Potenz, Dosierung: D4, 3 x 1 Dosis (→ Seite 55)
Cinnabaris (Hydrargyrum sulfuratum rubrum, rotes Quecksilbersulfid)
Symptome: subakute und chronische Erkrankung; eitriges, gelbliches, wund machendes, oft einseitiges Sekret aus der Nase, das wechselnd mal festsitzend, mal fließend ist
Besserung: draußen, bei Sonne, durch Ruhe
➤ Potenz, Dosierung: D4, D6, 3 x 1 Dosis (→ Seite 55)

Bronchien- und Lungenentzündung (Bronchitis, Pneumonie)

Ursachen: Infektionen (Viren, Bakterien, Pilze); Parasiten; Allergien; Fremdkörper; Verletzungen/Unfall; Tumoren; Vergiftungen; Herzerkrankungen
Allgemeine Symptome: Husten; Atemnot in Ruhe und/oder Bewegung; Fieber; hörbares Atemgeräusch; Würgereiz oder Erbrechen beim Husten
Wann zum Tierarzt? immer, da die Erkrankung lebensbedrohlich sein kann
➤ **Homöopathische Behandlung:**
Bryonia (*Bryonia dioica*, Rotbeerige Zaunrübe)
Symptome: trockener Reizhusten, schmerzhafter Reizhusten; schnelle und flache Atmung; Schleim kann nicht ausgehustet werden; Tiere liegen viel; trockene Schleimhäute; großer Durst; Fieber
Verschlimmerung: morgens, durch Berührung, Bewegung, durch Fressen, Wärme

Besserung: an der frischen Luft, in Ruhe

➤ Potenz, Dosierung: D4, D6, 3 x 1 Dosis (→ Seite 55)

Cuprum aceticum (Kupferacetat)

Symptome: trockener, krampfartiger, quälender Husten mit Würgen; asthmaähnliche Symptome, z. B. mit Atemnot; Husten ohne Schleim

➤ **Wichtig:** Der Hund streckt beim Husten Kopf und Hals nach vorn und unten.

Verschlimmerung: nachts, durch kalte Luft

Besserung: durch Trinken von kaltem Wasser

➤ Potenz, Dosierung: D6, 3 x 1 Dosis (→ Seite 55)

Drosera (*Drosera rotundifolia*, Sonnentau)

Symptome: anfallartiger, krampfartiger Husten, oft mit Würgereiz; zähes Sekret; Rasselgeräusch; Fieber möglich; Heiserkeit; evtl. bei Zwingerhusten (→ rechts)

Verschlimmerung: nachts, durch Fressen, Trinken

➤ Potenz, Dosierung: D4, D6, 3 x 1 Dosis (→ Seite 55)

Ipecacuanha (*Uragoga ipecacuanha*, Brechwurzel)

Symptome: Die Erkrankung beginnt mit anfallartigem Würgen, was sich später zu einem krampfhaften Husten entwickelt; der Husten kann zum Erbrechen führen; schleimiges Sekret, Heiserkeit möglich. Wird oft bei Zwingerhusten (→ rechts) gebraucht.

Verschlimmerung: durch Bewegung

Besserung: im Freien, durch Ruhe

➤ Potenz, Dosierung: C30, 1 x 1 Dosis (→ Seite 55)

Causticum Hahnemanni (Ätzstoff Hahnemanns)

Symptome: trockener, krampfartiger Husten; trockene Schleimhäute; beides besteht schon einige Tage

Verschlimmerung: durch trockene Luft, Nässe, nachts zwischen 3 und 5 Uhr

Besserung: durch feuchte Luft, Trinken von Kaltem

➤ Potenz, Dosierung: D6, 2 x 1 Dosis (→ Seite 55)

Rumex (*Rumex crispus*, Krauser Ampfer)

Symptome: schon einige Tage bestehender Husten, der trocken und sehr leicht auslösbar ist

Verschlimmerung: an kalter Luft, durch Hinlegen, nachts, durch Anstrengung

Besserung: durch Wärme

➤ Potenz, Dosierung: D3, D4, 3 x 1 Dosis (→ Seite 55)

Zwingerhusten

Ursachen: primär verschiedene Viren, etwa Herpes- oder Influenza-(Grippe-)viren, manchmal auch Misch- oder Sekundärinfektionen mit Bakterien. Die Übertragung erfolgt durch Tröpfcheninfektion. Inkubationszeit 2 bis 30 Tage

Allgemeine Symptome: Einfacher Verlauf mit plötzlich eintretendem trockenem, bellendem Husten, meist mit Würgen, oft mit etwas weißem Schleim; Mandeln können entzündet

Ein Mantel schützt den Hund bei Erkrankungen der Atemwege und des Bewegungsapparats vor Nässe und Kälte.

sein, evtl. wässriger Nasenausfluss; meist wenig gestörtes Allgemeinbefinden. Komplizierter Verlauf mit Fieber, Lungenentzündung. Begünstigt durch Stress (Aufenthalt im Tierheim oder in der Tierpension, Hundeschule), andere Infektionen, Wurmbefall

Wann zum Tierarzt? immer bei Fieber, gestörtem Allgemeinbefinden, feuchtem Husten, mit Welpen; ansonsten, wenn nach zwei Tagen mit homöopathischer Behandlung keine Besserung eingetreten ist

Begleitbehandlung: keine Anstrengung; den Hund nicht nass und kalt werden lassen; wegen der Ansteckungsgefahr andere Hunde meiden

➤ **Homöopathische Behandlung** für den einfachen Verlauf: → bei Bronchitis (Seite 73), insbesondere Drosera (→ Seite 74), Ipecacuanha (→ Seite 74), Rumex (→ Seite 74); zusätzlich Echinacea (→ Tipp Seite 147), im Anfangsstadium auch Belladonna (→ Seite 191). Bewährt haben sich auch zwei Komplexmittel: Tussistin® oder Viropect®. In den meisten Fällen ist die Erkrankung dann in einer Woche ausgeheilt.

➤ **Wichtig:** Die Medikamente müssen gegeben werden, bis keinerlei Husten mehr zu hören ist!

Herz- und Kreislaufbeschwerden

Herzerkrankungen beim Hund sind Folge von Veränderungen am Herzmuskel, an den Herzklappen, am Herzbeutel, von Parasitenbefall (Herzwurm) oder angeboren. Oft sind sie auch Folge anderer Erkrankungen (z.B. Lungenerkrankungen, Nierenerkrankungen). Erkrankungen des Gefäßsystems werden durch Herzerkrankungen oder Störungen der Durchblutung verursacht. Stellen Sie Ihren Hund in jedem Fall Ihrem Tierarzt zur genauen Abklärung der Herz-Kreislauf-Erkrankung vor. Sprechen Sie auch die homöopathische Behandlung mit ihm ab, denn fast alle im Folgenden genannten Mittel können unerwünschte Nebenwirkungen hervorrufen. Übergewichtige Hunde sollten grundsätzlich abnehmen. Bis die Therapie wirkt, müssen Sie den Hund schonen.

Herz-Kreislauf-Versagen

Allgemeine Symptome: Atemnot; Husten; Schwäche; Lahmheit; der ganze Hund ist kalt; veränderter Herzschlag und Puls (schneller oder langsamer, unregelmäßiger als sonst)

Wann zum Tierarzt? Suchen Sie sofort den Tierarzt auf, denn es handelt sich um lebensbedrohliche Zustände.

➤ **Homöopathische Behandlung:** Die folgenden Homöopathika kommen zur Erstversorgung infrage.

Veratrum album (Weiße Nieswurz)
Ursachen: Flüssigkeitsverlust durch Durchfall; Herz-Kreislauf-Probleme
Symptome: blasse oder blassblaue, trockene Schleimhäute; schwacher, schneller Puls und Herzschlag; kalter Körper, Untertemperatur (→ Glossar, Seite 245)
Verschlimmerung: bei Wetterwechsel, durch Hitze
Besserung: durch Wärme, Ruhe
➤ Potenz, Dosierung: D4, 3 x 1 Dosis; C30, 1 x 1 Dosis (→ Seite 55)

Carbo vegetabilis (Holzkohle)
Ursachen: Erkrankung, die schon einige Tage besteht, vor allem Durchfall

Symptome: blass-bläuliche Schleimhäute; kalter Körper; große Schwäche
Verschlimmerung: durch Wärme nach Zudecken, abends, nachts
Besserung: an frischer Luft
➤ Potenz, Dosierung: D8, alle 2 Stunden bis zur Besserung, dann 3 x 1 Dosis; C30, 1 x 1 Dosis (→ Seite 55)

Arnica (*Arnica montana*)
Ursachen: Folge von Unfall, Schock, Erschrecken, Verletzung, Blutverlust
Symptome: Schmerzhaftigkeit, starke Berührungsempfindlichkeit; Schwäche; blasse Schleimhäute; Bewusstlosigkeit
Verschlimmerung: durch Bewegung, Berührung
➤ **Wichtig:** Arnica ist auch ein Herzmittel für alte Tiere, die erschöpft und überanstrengt erscheinen.
→ auch Schock (Seite 136)
➤ Potenz, Dosierung: C30, 1 x 1 Dosis (→ Seite 55)

Herzerkrankungen

Ursachen: Alter des Hundes; Infektionen; Folge anderer Erkrankungen; erblich bedingt, angeboren; Parasiten; Überanstrengung. Kleine und mittlere Hunderassen wie Teckel, Terrier u. a. erkranken häufiger, aber auch große Rassen wie Irischer Wolfshund, Deutsche Dogge u. a. haben eine rassebedingte Veranlagung dazu.
Allgemeine Symptome: Müdigkeit; Atembeschwerden, Backenblasen, Atemnot; Husten; blasse Schleimhäute; Kälte; veränderter Herzschlag und Puls; epileptiforme Anfälle (→ Glossar, Seite 241); Aszites (→ Glossar, Seite 240), Ödeme; Unruhe (v. a. nachts); Leistungsschwäche. Hinweise auf beginnende Herzerkrankungen sind: Müdigkeit (manchmal auch nur bei heißem Wetter), Husten bei Anstrengung oder Aufregung
Wann zum Tierarzt? Immer; er hört die Herzgeräusche ab (Auskultation), veranlasst ein EKG, eine Ultraschall- oder Röntgenuntersuchung und eine Blutuntersuchung.
Begleitbehandlung: evtl. Mittel zur Entwässerung, Infusionen, Herzmedikamente oder Medikamente zur

Blutdrucksenkung; bei Herzwürmern passendes Wurmmittel zum Abtöten der Wurmstadien; Diät

➤ **Homöopathische Behandlung:** nur nach Absprache mit dem Tierarzt

Crataegus (Weißdorn)

Dies ist das »Pflegemittel des Herzens«. Es beeinflusst die Durchblutung des Herzmuskels.

Ursachen: Alter; Infektionen mit Viren, Bakterien

Symptome: Müdigkeit; beim Abhören durch den Tierarzt z. T. Herzklappengeräusche, das Herz kann vergrößert sein

Verschlimmerung: nachts, bei Anstrengung, durch Hitze

➤ Potenz, Dosierung: D2, 1 bis 3 x 1 Dosis (→ Seite 55). Hunden, die nur Probleme bei heißem Wetter haben und bei kühlerem Wetter auf Crataegus mit Unruhe reagieren, nur bei Bedarf geben; sonst Dauertherapie, solange das Mittel wirkt; aber absetzen, wenn schulmedizinische Medikamente eingesetzt werden müssen. Bei kleinen Rassen (Chihuahua, Yorkshire) evtl. 1/2 Dosis. Kann bei rechtzeitigem Einsatz das Herz so weit kräftigen, dass keine weiteren Mittel nötig sind, d.h. die Erkrankung nicht weiter fortschreitet. Leichte Zustände können gebessert werden.

Kalium carbonicum (Kaliumkarbonat)

Ursachen: Herz- oder Nierenerkrankung; Entzündung des Herzmuskels

Symptome: Aszites (→ Glossar, Seite 240) oder/und Lungenödem; Husten; Atemnot; meist dickere Tiere mit dünnen Beinen

Verschlimmerung: durch Hinlegen, Aufregung

Besserung: durch Bewegung

➤ Potenz, Dosierung: D4,

Sobald Ihr Hund Leistungseinbußen und Müdigkeit zeigt, sollten Sie Herz und Kreislauf kontrollieren lassen.

3 x 1 Dosis, solange das Ödem oder die Wasseransammlung im Bauchraum (Aszites) vorhanden ist; evtl. als Dauertherapie in Kombination mit Crataegus

Da sich Entzündungen und fieberhafte Infektionen auch auf das Herz auswirken können, sehen Sie ebenfalls nach unter »Fiebermittel« (→ Seite 146), insbesondere bei Belladonna und Lachesis, oder unter »Lungenentzündung« bei Bryonia (→ Seite 73).

Durchblutungsstörungen

Durchblutungsstörungen treten beim Hund in Zusammenhang mit Herzerkrankungen auf, aber auch als Folge anderer Erkrankungen, z. B. Entzündungen der Gefäße oder Embolien.

Allgemeine Symptome: Lahmheit; Puls schwach oder nicht fühlbar; Hund kommt schlecht hoch; Herzsymptome (→ Seite 78); blasse Schleimhäute, Rekapillarisationszeit (→ Glossar, Seite 244) zwei Sekunden oder länger, wenn kein Schock vorliegt!

Wann zum Tierarzt? Sollten Sie diese Symptome bemerken, müssen Sie den Hund unbedingt zur tierärztlichen Untersuchung bringen, um andere Ursachen auszuschließen.

➤ **Homöopathische Behandlung:** In Absprache mit dem Tierarzt können Sie, häufig in Kombination mit Herzmedikamenten (→ Seite 77), folgende Homöopathika anwenden:

Aesculus (*Aesculus hippocastanum*, Rosskastanie) Symptome: schwächere Durchblutung der Hinterbeine (beide Beine oder nur ein Bein); Stauungen im Beckenbereich

➤ Potenz, Dosierung: D3, 3 x 1 Dosis (→ Seite 55), evtl. Dauertherapie (→ Seite 36)

Ginkgo (*Ginkgo biloba*, Ginkgobaum) Symptome: Durchblutungsstörungen; das Mittel fördert die allgemeine Durchblutung und entlastet das Herz.

➤ Potenz, Dosierung: D2, 3 x 1 Dosis (→ Seite 55), evtl. Dauertherapie (→ Seite 36)

Erkrankungen der Verdauungsorgane

Im Bereich der Verdauungsorgane können folgende Organe oder Gewebe erkranken: Magen, Dünn- und Dickdarm, Leber und Bauchspeicheldrüse.

Ursachen von Erkrankungen dieser Organe:

➤ Infektionen (Viren, Bakterien, selten Pilze)

➤ Parasiten (Würmer, Giardien, Kokzidien, → Glossar, Seite 242)

➤ falsches oder zu viel Futter, verdorbenes Futter

➤ Vergiftungen

➤ Fremdkörper

➤ andere Erkrankungen, z.B. Nierenerkrankung

➤ Tumoren

➤ Stress und Aufregung

➤ altersbedingte Funktionsrückgänge

➤ Allergien und Autoimmunerkrankungen

➤ andere Unverträglichkeiten, etwa von Medikamenten oder einzelnen Futterbestandteilen

Allgemeine Symptome: Erbrechen; Durchfall; Verweigern von Fressen oder/und Trinken; Bauchgeräusche, Blähungen; vermehrtes Fressen von Gras; Müdigkeit; großer Durst; kein Kotabsatz bei Verstopfung oder Darmverschluss; Schmerzhaftigkeit im Bauchbereich, aufgekrümmter Gang; Aufblähen im Bauchbereich

➤ **Hinweis:** Durch länger dauerndes Erbrechen oder/und Durchfall kommt es zu Flüssigkeits- und Elektrolytverlust. Deshalb sollten Sie bei den genannten Erkrankungssymptomen Ihren Tierarzt aufsuchen, wenn diese länger als ein bis zwei Tage andauern.

➤ **Magendrehung:** Vor allem Hunde großer Rassen können an einer Magendrehung erkranken, wenn sie sich nach der Fütterung größerer Futtermengen zu viel oder zu lebhaft bewegen. Der Magen bläht auf, der Hund versucht zu erbrechen, es kommt aber nichts, er wird dabei schnell schwächer. Diese Erkrankung ist akut lebensbedrohlich und kann nur durch eine Operation behandelt werden! Gehen Sie deshalb bei Verdacht sofort zum Tierarzt! Um einer Magendrehung vorzubeugen, füttern Sie große Hunde zwei- bis dreimal am Tag mit kleineren Portionen und lassen Sie sie nach dem Fressen mindestens zwei Stunden ruhen.

Begleitbehandlung: Bei allen Magen-Darm-Erkrankungen, die mit Erbrechen und Durchfall einhergehen, sollte der Hund unterstützend eine Diät bekommen.

➤ Basisdiätanweisung: Lassen Sie das normale Futter sofort weg. Erbricht Ihr Hund nur Futter, sollten Sie als Erstmaßnahme mit einem Tag Futterentzug beginnen. Am folgenden Tag geben Sie maximal ein Drittel der normalen Futtermenge als Diätfutter (→ unten) in vier bis sechs Portionen über den Tag verteilt. Am 2. Tag bekommt der Hund zwei Drittel, am 3. Tag die volle Menge des Diätfutters, immer in vier bis sechs Portionen über den Tag verteilt.

Wenn eine Besserung eingetreten ist, der Hund also nicht mehr erbricht und der Kot wieder die übliche Beschaffenheit hat, dann geben Sie am 4. Tag ein Drittel des normalen Futters, zwei Drittel des Diätfutters, am 5. Tag zwei Drittel des normalen Futters, ein Drittel des Diätfutters, am 6. Tag nur noch normales Futter. Bis zum 5. Tag bekommt der Hund das Futter in vier bis sechs Portionen über den Tag verteilt, ab dem 5. Tag reduzieren Sie allmählich die Häufigkeit der Futtergabe.

➤ **Wichtig:** Erbricht Ihr Hund neben Futter auch Wasser, dann geben Sie ihm auch kein Wasser mehr. Sie sollten dann in jedem Fall Ihren Tierarzt aufsuchen.

➤ Standarddiät: Es sollte sich um ein leicht verdauliches Futter mit wenig Fett und wenig, leicht verdaulichem, hochwertigem Eiweiß handeln (→ unten). Für Hunde, die nur Trockenfutter gewohnt sind, ist eine Fertigdiät vom Tierarzt am besten geeignet. Die zusätzliche Umstellung auf Feuchtfutter, die der Magen-Darm-Trakt nicht gewöhnt ist, kann die Heilung behindern.

Ist Ihr Hund Feuchtfutter gewöhnt, kann er ebenfalls vom Tierarzt ein Dosenfertigfutter bekommen. Sie können es jedoch auch alternativ selbst zubereiten:

Kochen Sie mageres Geflügel, vorzugsweise Hühnchen, gut gar. Kochen Sie Reis in Salzwasser sehr weich bis matschig (mindestens 20 Minuten). Schneiden Sie das

Geflügel in ganz kleine Stücke oder pürieren Sie es. Mischen Sie Reis und Geflügel im Verhältnis 3 bis 4:1. Wenn Ihr Hund dies so nicht frisst, ergänzen Sie 1 bis 2 TL Magerjoghurt natur oder Hüttenkäse. Diese Diät eignet sich jedoch nur bei einfachem Erbrechen oder Durchfall. Im Einzelfall richten Sie sich nach den Anweisungen Ihres Tierarztes.

Diätfutter, das im Zoofachhandel als Schonkost oder Diät verkauft wird, ist für die akute Erstbehandlung nicht geeignet, evtl. jedoch zur Nachbehandlung; fragen Sie dazu Ihren Tierarzt.

Es ist wichtig, die Diät ausreichend lange durchzuführen. Die erkrankten Schleimhäute brauchen mindestens drei Tage, um sich zu regenerieren. Auch die Darmflora muss sich erst wieder aufbauen. Wenn Sie zu früh wieder normales Futter geben, riskieren Sie einen Rückfall oder das Entstehen einer Futtermittel-Unverträglichkeit. Unterstützend gibt es bei Ihrem Tierarzt Futterzusätze, um die Darmflora wieder aufzubauen oder die im Darm entstehenden Toxine (→ Glossar, Seite 245) zu binden. Zum Trinken können Sie Ihrem Hund Kamillentee oder schwarzen Tee (5 Minuten ziehen lassen) mit einer Prise Salz anbieten. Trinkt er dies nicht, geben Sie ihm stilles Mineralwasser ohne Kohlensäure.

➤ **Tipp:** Damit Ihr Hund im Bedarfsfall die Diät frisst, sollten Sie ihm auch in gesunden Tagen ab und zu einmal etwas von diesem Diätfutter anbieten.

Erbrechen, Durchfall

➤ **Homöopathische Behandlung:**
Nux vomica (*Strychnos nux-vomica*, Brechnuss)
Nux vomica ist neben Ipecacuanha die am häufigsten gebrauchte Arznei für den Magen-Darm-Trakt.
Ursachen: Fressen von verdorbenem oder falschem Futter, von draußen aufgesammelten Essensresten; Unverträglichkeit von Fett; Vergiftungen, Unverträglichkeit von Medikamenten wie Antibiotika oder Wurmmitteln; akute oder chronische bakterielle oder virale Infektion
Symptome: Erbrechen; Durchfall; Blähungen, Bauchglu-

ckern; typisch ist ein harter und gespannter Bauch, der beim Anfassen schmerzhaft ist. Wenn der Hund läuft, macht er einen Buckel. Verschlimmerung: morgens, nach Aufregung, durch Berührung, Geräusche
➤ Potenz, Dosierung: D6, 3 x 1 Dosis (→ Seite 55)

Ipecacuanha (*Uragoga ipecacuanha*, Brechwurzel)
Ursachen: bakterielle oder virale Infektion; zu fettes Futter
Symptome: Erbrechen, evtl. mit streifigen Blutspuren; Schwäche; Erbrechen von unverdautem Futter; manchmal mit Darmkrämpfen, dünnflüssigem, schaumigem Durchfall
➤ Potenz, Dosierung: C30, 1 x 1 Dosis (→ Seite 55)

Bauchschmerzen können durch die Wärme einer Decke oder eines Körnerkissens auf dem Rücken gelindert werden.

Mercurius solubilis Hahnemanni (Quecksilber nach Hahnemann)
Ursachen: Infektion; falsches Futter; Fressen von Unrat oder Sonstigem, was den Darm reizt
Symptome: evtl. Erbrechen; starker, wund machender Durchfall, Blutbeimengungen möglich; hochroter und entzündeter After, der Hund leckt daran, versucht oft noch, Kot abzusetzen, ohne dass etwas kommt
Besserung: durch kühles Futter
➤ Potenz, Dosierung: D8, 2 x 1 Dosis (→ Seite 55)

Arsenicum album (Acidum arsenicosum, Arsenige Säure, weißes Arsenik)
Ursachen: verdorbenes Futter, Vergiftung; Fressen von Eiskaltem (Schnee, Eis); Virusinfekt
Symptome: Durchfall nach Aas riechend, wird häufig in kleinen Mengen abgesetzt, eher dunkel, manchmal blutig. Der Hund trinkt viel in kleinen Mengen und erbricht das Getrunkene sofort wieder; er ist ängstlich und unruhig, erschöpft.

Verschlimmerung: nachts, durch Kälte, Nässe

Besserung: durch Wärme (extrem, Hunde kriechen förmlich in den Wärmespender hinein)

➤ Potenz, Dosierung: D6, 2 x 1 Dosis (→ Seite 55)

Podophyllum (*Podophyllum peltatum*, Maiapfel)

Ursachen: Virusinfekt; verdorbenes Futter

Symptome: gelblich-grünlicher, stinkender Durchfall, der aus dem After in hohem Bogen im Strahl herausschießt, mit Blähungen; Kotabsatz unvermittelt im Stehen, ständiger Kotdrang; Erschöpfung; gieriger Durst auf kaltes Wasser

Verschlimmerung: durch Fressen und Trinken, Hitze, Bewegung, morgens

Besserung: durch lokale Wärme (Wärmflasche oder Körnerkissen, durch Zudecken), abends, durch leichtes Zusammenkrümmen, auf dem Bauch liegen

➤ Potenz, Dosierung: D6, 3 x 1 Dosis (→ Seite 55)

Chelidonium (*Chelidonium majus*, Schöllkraut)

Symptome: Blähungen; gelblicher bis orangefarbener, wässriger Kot; schmerzhafter Bauch; aufgekrümmter Rücken

Verschlimmerung: durch Bewegung, frühmorgens, durch Berührung, an frischer Luft, durch Wetterwechsel, fette Nahrung

Besserung: nach dem Fressen von warmem Futter und Wasser, durch Wärme, Ruhe

➤ **Besonderheit:** Das Mittel reguliert die Gallesekretion.

➤ Potenz, Dosierung: D4, D6, 3 x 1 Dosis (→ Seite 55)

Carbo vegetabilis (Holzkohle)

Ursachen: Infektion; Erkrankung (vor allem Durchfall), die schon einige Tage besteht

Symptome: übel riechende, wässrig-blutige, wund machende Durchfälle mit Blähungen, Durchfall läuft passiv aus dem After; blass-bläuliche, kalte Schleimhäute; große Schwäche

Verschlimmerung: durch Wärme nach Zudecken, abends, nachts

Besserung: an frischer Luft

➤ Potenz, Dosierung: D8, alle 2 Stunden bis zur Besserung, dann 3 x 1 Dosis; C30, 1 x 1 Dosis (→ Seite 55)

Veratrum album (Weiße Nieswurz)
Ursachen: Virusinfekt
Symptome: wässriger, schleimig-blutiger Durchfall, der
schubweise kommt; blasse oder blassblaue, trockene
Schleimhäute; schwacher, schneller Puls und Herzschlag;
kalter Körper, Untertemperatur (→ Glossar, Seite 245)
Verschlimmerung: durch Wetterwechsel, Hitze
Besserung: durch Wärme, Ruhe
➤ Potenz, Dosierung: D4, 3 x 1 Dosis; C30, 1 x 1 Dosis
(→ Seite 55)
China (*Cinchona succirubra*, Chinarindenbaum)
Ursachen: schwächende Infektionen (Durchfall heilt
trotz gut gewählter Mittel nicht ab); starker Flüssigkeits-
verlust; hartnäckiger Parasitenbefall
Symptome: Schwäche nach hartnäckigem Durchfall,
immer wiederkehrender Durchfall mit Blähungen; Tiere
magern ab; Fell ist struppig
Verschlimmerung: nachts, nach dem Fressen, durch
leichte Berührung
Besserung: durch Wärme, starken Druck
➤ **Besonderheit:** Das Mittel ist angesagt, wenn der
Durchfall – meistens in regelmäßigen Abständen – wie-
derkommt (häufig alle zwei Tage).
➤ Potenz, Dosierung: D4, D6, 3 x 1 Dosis (→ Seite 55)
Magnesium phosphoricum (Magnesiumhydrogen-
phosphat)
Ursachen: Unverträglichkeit von Milch, auch Mutter-
milch, von Fleisch, von zu viel Eiweiß
Symptome: sauer riechender, immer wiederkehrender,
grünlich-gelblicher, schaumiger Durchfall; der Hund ist
unruhig, hat Heißhunger; oft bei Welpen
Verschlimmerung: durch Kälte, durch Anfassen
➤ **Unterstützende Maßnahmen:** Futterzusammenset-
zung ändern (Fleisch und Eiweiß reduzieren und/oder
ändern), Milch weglassen
➤ Potenz, Dosierung: D8, 2 bis 3 x 1 Dosis (→ Seite 55)
➤ **Hinweis:** Bei Unverträglichkeit von Muttermilch
kommen auch die Konstitutionsmittel Calcium phosphoricum (→ Seite 171) und Calcium carbonicum
Hahnemanni (→ Seite 170) infrage.

Erbrechen und Durchfall als Folgen eines Wurmbefalls

Einen Wurmbefall kann man mit Ausnahme der großen Bandwürmer nur über die Untersuchung einer Kotprobe feststellen. Im Hundekot sind die mikroskopisch kleinen Eier der Spul- und Hakenwürmer nachweisbar. Hunde nehmen die infektiösen Eier, Wurmlarven oder Zwischenwirte über infizierte Flöhe, Kot etc. auf. Damit beginnt der Entwicklungskreislauf. Von Spul- und Hakenwürmern sind Welpen am häufigsten betroffen. Sie infizieren sich mit den Larven über die Muttermilch. Diese befinden sich als sogenannte ruhende Larven im Gesäuge und werden durch das Saugen aktiviert.

Um sich zu ernähren, entzieht der Parasit seinem Wirt wichtige Vitamine, Mineralstoffe und Eiweiße. In vielen Fällen führt dies auch zu äußerlich sichtbaren Veränderungen wie stumpfem Fell, Abmagerung, Entwicklungsverzögerung, Mandelentzündung, Krankheitsanfälligkeit oder sogar zu Durchfall und Erbrechen. Bei sehr starkem Befall können die infizierten Tiere die Würmer auch erbrechen. Da die Folgekrankheiten oft bleibende Schäden hinterlassen (z.B. in der Leber oder Lunge), kann ein Befall mit Würmern die Lebenserwartung eines Tieres oft ganz erheblich verringern.

➤ **Achtung:** Beim Schmusen mit dem Hund kann ein Wurmei auf die Hand und dann versehentlich beim Abwischen des Mundes mit dieser Hand über den Mund in den Menschendarm

---

TIPP

Flöhe bekämpfen

➤ Bekämpfung auf dem Tier, am besten mit speziellen Mitteln vom Tierarzt (sogenannte Spot On).

➤ Liegedecken des Hundes so heiß wie möglich waschen, am besten bei 95 Grad.

➤ Alle sonstigen Stellen, wo der Hund oft liegt, möglichst feucht wischen; wenn dies nicht geht, dann gründlich absaugen.

➤ Saugerbeutel sofort in der Mülltonne entsorgen.

gelangen. Erkrankungen wie Fieber, Leber- und Lungenentzündungen, Sehstörungen, Ekzeme, epileptische Anfälle (→ Glossar, Seite 241), Gehirn- und Rückenmarksschädigungen können die Folge sein.

➤ **Wurmkur:** Mit einer Wurmkur können Sie einem Befall nicht vorbeugen, sondern immer nur erwachsene Würmer und bestimmte Larvenstadien abtöten. Gegen Würmer kann man nicht impfen, und es gibt keine homöopathische Behandlung gegen sie! Mit Homöopathika lassen sich allerdings sehr gut die Folgen eines Wurmbefalls wie Durchfall behandeln. Auch können Sie damit die Abwehr stärken, um den Neubefall zu verringern oder zu verhindern. Da sich ein Tier täglich mit neuen Wurmeiern anstecken kann, sofern es eine Ansteckungsquelle in seiner Umgebung gibt, müssen Wurmkuren in regelmäßigen Abständen durchgeführt werden. Was im Kot mit bloßem Auge erkennbar ist, sind Teile von Bandwürmern. Diese werden durch den Verzehr hauptsächlich von Flöhen übertragen.

Von Flöhen übertragene Bandwürmer sind für den Menschen nur in Ausnahmefällen problematisch. Dagegen ist der sogenannte Fuchsbandwurm für Menschen extrem gefährlich. Er wird hauptsächlich durch den Verzehr von ungewaschenen Wildbeeren übertragen oder über das Fell von unkontrolliert freilaufenden Hunden, die sich beispielsweise in Fuchskot gewälzt haben. Hunde können sich anstecken, wenn sie beim Spaziergang Mäuse oder Beeren fressen.

Wann zum Tierarzt? Von Ihrem Tierarzt bekommen Sie die nötigen Wurmkuren. Jungtiere sollten Sie ab der 4. bis zur 14. Lebenswoche alle zwei Wochen entwurmen, danach alle drei bis 12 Monate.

➤ **Homöopathische Behandlung:** Die homöopathischen Arzneien unterstützen die Heilung der gestörten Schleimhäute. Sie können aber nicht die Entwurmung mit Wurmkuren ersetzen.

Calcium carbonicum Hahnemanni (Austernschalenkalk)
Ursachen: Wurmbefall; Probleme mit der Muttermilch (die Welpen vertragen die Muttermilch nicht)

Symptome: Kot sieht aus wie geronnene Milch, gelblich, säuerlich riechend; dicker Bauch
➤ **Besonderheit:** Betroffen sind eher kräftige Welpen, oft in den ersten Lebenstagen und -wochen.
➤ Potenz, Dosierung: D12, 1 x 1 Dosis (→ Seite 55)
Cina (*Artemisia cina*, Zitwersamen)
Ursachen: Wurmbefall
Symptome: Darm heilt nach Wurmbefall nicht ab, immer wieder Blähungen, Durchfall und Würmer; der Hund ist unruhig; Jungtiere wachsen schlecht
➤ Potenz, Dosierung: D4, 3 x 1 Dosis (→ Seite 55)
Abrotanum (*Artemisia abrotanum*, Eberraute)
Ursachen: Wurmbefall
Symptome: Wechsel von Durchfall und Verstopfung; Erbrechen; Blähungen, dicker Bauch; trotz gutem Appetit ist der Hund abgemagert; Fell ist struppig
➤ Potenz, Dosierung: D2, D4, 3 x 1 Dosis (→ Seite 55)
Neben den genannten Mitteln sehen Sie bitte auch im Kapitel »Erbrechen und Durchfall« nach unter China (→ Seite 85).

Sodbrennen

Sodbrennen erkennen Sie daran, dass der Hund ständig schmatzt und meist auch nicht richtig fressen will. Es tritt oft in Zusammenhang mit einer Magenschleimhautentzündung (Gastritis) auf.
Wann zum Tierarzt? Da Sodbrennen ein Hinweis auf ernsthafte Erkrankungen, etwa Tumoren, sein kann, sollten Sie in jedem Fall Ihren Tierarzt aufsuchen.
Begleitbehandlung: Versuchsweise Heilerde für den innerlichen Gebrauch
➤ **Homöopathische Behandlung:** Verträgt Ihr Hund die vom Tierarzt verordneten Medikamente nicht oder handelt es sich um leichtere Symptome, können Sie folgendes Mittel versuchen:
Robinia pseudoacacia (Robinie)
Symptome: saures Aufstoßen und/oder Erbrechen
Besserung: durch Fressen
➤ Potenz, Dosierung: D6, 2 bis 3 x 1 Dosis (→ Seite 55)

Koliken im Bauchbereich

➤ **Homöopathische Behandlung:**
Chamomilla (*Matricaria chamomilla*, Echte Kamille)
Ursachen: Ärger, Aufregung
Symptome: Koliken mit übertrieben scheinenden
Schmerzäußerungen; der Hund ist reizbar, schreit, lässt
sich nicht untersuchen.
Verschlimmerung: durch Berührung, nachts
Besserung: durch Umhertragen, Zusammenkrümmen
➤ Potenz, Dosierung: D3, alle 30 Minuten bis 2 Stunden
bis zur Besserung 1 Dosis; C30, 1 x 1 Dosis (→ Seite 55)
Colocynthis (*Citrullus colocynthis*, Koloquinte)
Symptome: Kolik anfallweise, starke Schmerzen; Blä-
hungen; aufgekrümmter Rücken, harter Bauch
Verschlimmerung: durch Bewegung, Fressen, nachts
Besserung: durch Wärme, Ruhe, nach Abgang von Luft
und Kot, durch Zusammenkrümmen
➤ **Besonderheit:** Das Mittel hilft auch bei Koliken
durch Gallen-, Nieren- und Blasensteine.
➤ Potenz, Dosierung: D4, 3 x 1 Dosis (→ Seite 55)

Erkrankungen von Leber und Gallenblase

➤ Funktion der Leber im Organismus: Bildung von le-
benswichtigen Eiweißstoffen, Ort vieler Stoffwechsel-
prozesse, Gallebildung, Entgiftung
➤ Funktion der Galle: Unterstützung der Fettverdau-
ung, Ausscheidung von nicht wasserlöslichen Abbau-
stoffen
➤ Funktion der Gallenblase: Speicherung der Galle
Ursachen von Lebererkrankungen: Infektionen (Bakterien, Viren); Hungerzustände; Tumoren; Vergiftungen;
Folge von Erkrankungen anderer Organe; falsche Ernährung, Fettleibigkeit; Traumen wie Schlag, Stoß oder
Unfall; hundespezifische Infektionen wie HCC, Leptospirose (→ Glossar, Seite 242, 243); Parasiten; altersbe-
dingter Funktionsabbau; erbliche Krankheiten
Allgemeine Symptome: mangelnder oder wechselnder
Appetit; Erbrechen; Durchfall, Kotfarbe verändert;

Trinken und Urinabsatz vermehrt; Aszites (→ Glossar, Seite 240); Bewegungsstörungen; Müdigkeit; stumpfes, schuppiges Haarkleid; Schmerzhaftigkeit bei Berührung im hinteren rechten Brustkorbbereich; epileptische Anfälle (→ Glossar, Seite 241); leichte Verhaltensstörungen; Blutgerinnungsstörungen; Gelbsucht

Wann zum Tierarzt? Die Diagnose von Lebererkrankungen kann nur durch den Tierarzt erfolgen. Es ist in jedem Fall eine Blutuntersuchung nötig, eventuell auch Folgeuntersuchungen wie Röntgen und Ultraschall. Auch kann nur er die Schwere der Erkrankung abschätzen. Meistens ist eine unterstützende Diät erforderlich.

➤ **Homöopathische Behandlung:** Da sich die Blutwerte oft erst Wochen später nach Beginn der homöopathischen Behandlung bessern, sollten Sie sich bei der Beurteilung Ihres Hundes an dessen Allgemeinbefinden orientieren. Es sollte sich während der Behandlung bessern. Die Blutwerte müssen dennoch regelmäßig überprüft werden, um auch eventuelle Verschlechterungen feststellen zu können. Eine homöopathische Behandlung nur in Absprache mit dem Tierarzt durchführen.

Carduus marianus (*Silybum marianum*, Mariendistel) Symptome: der Hund ist matt, lustlos, schläft viel; hat wenig Appetit; Erbrechen; manchmal gelblicher Durchfall; Blähungen; Unverträglichkeit oder Ablehnung von Fleisch; Berührungsempfindlichkeit am linken Oberbauch; dunkelgelber bis brauner Urin; Gelbsucht ist möglich

Verschlimmerung: durch Fressen

➤ **Besonderheit:** Das Mittel geht oft mit Bauchwassersucht (Aszites, → Glossar, Seite 240) einher.

➤ Potenz, Dosierung: D2, D4, 3 x 1 Dosis, solange das Mittel wirkt (→ Seite 55); evtl. Dauertherapie (→ Seite 36) nötig

Chelidonium (*Chelidonium majus*, Schöllkraut) Symptome: Blähungen; gelblicher bis orangefarbener, wässriger Kot; schmerzhafter Bauch; der Rücken ist aufgekrümmt; der Hund ist einerseits unruhig und gereizt, andererseits schläfrig nach dem Aufwachen und nach dem Fressen; Durchfall kann abwechseln mit festem, gelbem Kot; der Urin ist wie dunkles Bier gefärbt; Gelbsucht (Ikterus, → Glossar, Seite 242) ist möglich

Verschlimmerung: frühmorgens, durch Bewegung, Wetterwechsel, Berührung, fette Nahrung, an frischer Luft

Besserung: nach dem Fressen von warmem Futter und Wasser, durch Ruhe, Wärme

➤ **Besonderheit:** Das Mittel reguliert die Gallensekretion; bei Gelbsucht einsetzen

➤ Potenz, Dosierung: D4, D6, 3 x 1 Dosis (→ Seite 55)

Flor de piedra (*Lophophytum leandri*, Steinblüte)

Ursachen: Vergiftung; bakterielle oder virale Infektion; Arzneimittelbelastung

Symptome: Verlangsamung aller Lebensvorgänge; der Hund ist müde, hat keinen Appetit, ist aber auch unruhig; der Kot kann wechselnd dünn und hellgelb bis fest und dunkel sein, er wird in kleinen Portionen abgesetzt; großer Durst; Tiere trinken in großen Schlucken

➤ Potenz, Dosierung: D3, D4, 3 x 1 Dosis (→ Seite 55), solange das Mittel wirkt; evtl. Dauertherapie

Lycopodium (*Lycopodium clavatum*, Bärlapp)

Symptome: ist müde, launisch, lustlos; hat gelblich braunen Kot, dunklen Urin; ist sehr wählerisch beim Fressen, frisst gern Süßes; hat manchmal Gallensteine

Verschlimmerung: durch Nässe, Kälte, Stress, morgens, zwischen 16 und 20 Uhr

Besserung: durch Bewegung, warmes Futter

➤ Potenz, Dosierung: D6, 3 x 1 Dosis; C30, 1 x 1 Dosis (→ Seite 55)

Solidago (*Solidago virgaurea*, Goldrute)

Es wird eingesetzt, wenn Leber und Niere betroffen sind und kein anderes Mittel oder kein Konstitutionsmittel passt. Es dient auch als Zwischenmittel, wenn sich die Symptome ändern oder neue Symptome auftreten.

➤ Potenz, Dosierung: D2, 3 x 1 Dosis, solange das Mittel wirkt (→ Seite 55); evtl. Dauertherapie (→ Seite 36)

Diabetes mellitus (Zuckerkrankheit)

Die Bauchspeicheldrüse (Pankreas) produziert im sogenannten Inselorgan das für den Zuckerstoffwechsel notwendige Insulin (endokriner Pankreas, → Glossar, Seite 241). Bei Störungen im Zuckerstoffwechsel spricht man von Diabetes.

Ursachen: Es gibt verschiedene Ursachen für Diabetes. Einiges ist dabei noch unklar. In den meisten Fällen kommen mehrere Ursachen zusammmen. Dabei handelt es sich um genetische Veranlagung, Fettleibigkeit, Infektionen, autoimmune Reaktionen, hormonell bedingt bei Hündinnen, Tumoren des Pankreas, Folge von Medikamenten (etwa Kortison), Schilddrüsenunterfunktion.

Allgemeine Symptome: starker Durst, viel Urinabsatz; übermäßige Futteraufnahme, dennoch Gewichtsverlust, der Hund kann aber auch wenig fressen; neurologische Symptome wie Lahmheiten; plötzliche Linsentrübung; stumpfes Haarkleid

Wann zum Tierarzt? Ihr Hund sollte immer vom Tierarzt untersuchen werden, da nur er über Blut- und Urinuntersuchungen die Diagnose stellen kann. Zusätzlich ist eine Spezialdiät nötig. Andere Erkrankungen müssen ausgeschlossen werden. Bei hormonellen Ursachen bei Hündinnen sollte eine Kastration erfolgen.

➤ **Homöopathische Behandlung:** Bei leichtem Diabetes kann man mit dem folgenden Mittel evtl. die Gabe von Insulin vermeiden oder die Insulindosis reduzieren (nur unter ständiger Kontrolle der Blutwerte und in Absprache mit dem Tierarzt geben).

Syzygium jambolanum (Jambulbaum)
Empirischer Einsatz, nur unter ständiger Blutzuckerkontrolle; das Mittel kann die Insulindosis um ein Drittel bis zur Hälfte reduzieren oder überflüssig machen.

➤ Potenz, Dosierung: D12, 1 x 1 Dosis, solange das

Übergewicht fördert verschiedene Krankheiten, zum Beispiel Diabetes oder orthopädische Probleme wie Arthrosen.

Mittel wirkt (→ Seite 55); evtl. Dauertherapie (→ Seite 36). Bei zusätzlicher Insulingabe: Zunächst den Hund auf Insulin einstellen, dann Syzygium geben und Insulin nach Wirkung reduzieren. Wenn Syzygium allein zuerst ausreichend wirkte, dann nach einiger Zeit aber nicht mehr, muss der Hund zusätzlich Insulin erhalten; dabei mit 1/2 bis 2/3 der Standarddosis beginnen.

➤ **Hinweis:** Da es sich bei Diabetes des Hundes häufig um eine multifaktorielle Erkrankung handelt, kann auch die Behandlung mit dem Konstitutionsmittel des Hundes erfolgreich sein. Dieses muss nach der Normalisierung des Blutzuckerwertes weitergegeben werden.

Erkrankungen des exokrinen Pankreas

Neben Insulin (→ links) produziert die Bauchspeicheldrüse im übrigen Gewebe (exokriner Pankreas) bestimmte Verdauungsenzyme, die insbesondere für den Fettstoffwechsel wichtig sind.

Ursachen: Infektionen; Trauma; Tumoren; Parasiten; genetische Ursachen; Autoimmunerkrankungen; Vergiftungen; unbekannte Ursachen

Allgemeine Symptome: Müdigkeit; Appetitmangel, aber auch Heißhunger; Durchfall, seltener Erbrechen, große, ungeformte fettige Mengen an Kot, Kot auch grau; Tiere fressen viel und nehmen dabei ab; häufig strecken sich die Hunde viel; Berührungsschmerz am Unterbauch

Wann zum Tierarzt? Immer, da diese Symptome auch bei anderen Erkrankungen auftreten können. Unterstützend ist zumindest am Anfang eine Spezialdiät nötig.

➤ **Homöopathische Behandlung:** Sofern die Funktion des Pankreasgewebes noch nicht völlig zum Erliegen gekommen ist, können Sie das folgende Mittel unter tierärztlicher Überwachung anwenden:

Haronga (*Haronga madagascariensis*, Harongabaum) Symptome: Durchfall, Kot braun bis grau, kann unverdaute Bestandteile enthalten; Blähungen; Tiere haben Hunger, nehmen aber nicht zu

➤ Potenz, Dosierung: D4, 2 bis 3 x 1 Dosis vor dem Fressen (→ Seite 55)

Parvovirose

Ursache: Canines Parvovirus, die Übertragung erfolgt durch Kot, auch an Kleidern, Schuhen, Gegenständen; das Virus wird über das Maul aufgenommen.

Allgemeine Symptome: Massiver Durchfall, z. T. mit Blut, Erbrechen; im Blutbild ist eine starke Verminderung der weißen Blutkörperchen zu erkennen, was eine Schwächung des Immunsystems zur Folge hat. Welpen können auch plötzlich ohne Symptome sterben.

Wann zum Tierarzt? Immer, es handelt sich um eine lebensgefährliche Erkrankung. Es müssen unterstützend Infusionen, Antibiotika etc. gegeben werden. Eine vorbeugende Impfung wird dringend empfohlen.

Begleitbehandlung: warm halten; Futter und Wasser nur nach tierärztlicher Anweisung

➤ **Homöopathische Behandlung:** Begleitend zur Therapie durch Ihren Tierarzt und nach Absprache mit ihm können Sie Mittel entsprechend den Organsymptomen auswählen. Infrage kommen häufig Veratrum album (→ Seite 203), Carbo vegetabilis (→ Seite 194), Nux vomica (→ Seite 179), Arsenicum album (→ Seite 168), Mercurius solubilis Hahnemanni (→ Seite 199) sowie auch:

Mercurius sublimatus corrosivus (Quecksilberchlorid)
Symptome: wie Mercurius solubilis Hahnemanni (→ unter »Durchfall, Erbrechen«, Seite 83), aber verstärkt, d. h. heftiger, wund machender, schleimiger, stinkender, blutiger Durchfall; Koliken
Verschlimmerung: abends, nachts
➤ Potenz, Dosierung: D8, 2 bis 3 x 1 Dosis (→ Seite 55)

Pyrogenium (Nosode aus verfaultem Rindfleisch)
Ursache: Infektion
Symptome: Kot dünn, dunkel, faulig riechend, evtl. mit Blut; trotz Schwäche ist der Hund oft unruhig
Besserung: durch Bewegung, Wärme
➤ Potenz, Dosierung: als Anfangsmittel D30, 1 bis 2 x 1 Dosis im Abstand von 6 bis 12 Stunden, sonst D8, 2 x 1 Dosis oder D15, 1 x 1 Dosis (→ Seite 55); als Nachbehandlung kommt häufig China (→ Seite 85) bei Erbrechen und Durchfall infrage

Erkrankungen des Harnapparats

Zum Harnapparat gehören Nieren, Harnleiter, Blase und Harnröhre. Grundsätzlich muss bei allen Erkrankungen des Harnapparats auch nach Abklingen der Beschwerden eine Urinkontrolle durch den Tierarzt erfolgen, da viele Erkrankungen mit unauffälligen Symptomen weiterverlaufen und dann doch noch sekundär Keime über Scheide/Penis oder aus dem Körper einwandern können.

Blasenentzündung (Cystitis), Harnröhrenentzündung (Urethritis)

Ursachen: Infektionen (Bakterien, Viren); Steinbildung; Traumen wie Stoß, Schlag oder Unfall; Folge einer Operation an der Blase; angeborener Defekt; Tumoren; Verhaltensstörungen; Stress; Übergewicht; Prostataerkrankungen; Folge einer anderen Erkrankung, z. B. Diabetes

Allgemeine Symptome (unterschiedlich je nach Ursache): Harndrang; Blut im Urin; Bauchschmerzen; kein oder wenig Urinabsatz; Unsauberkeit; vermehrtes Trinken; Harnfarbe und -geruch sind verändert

Wann zum Tierarzt? Sie sollten bei den genannten Symptomen immer den Urin des Hundes vom Tierarzt untersuchen lassen. Der Urin sollte möglichst innerhalb einer Stunde nach dem Auffangen beim Tierarzt sein. Besser ist jedoch die Entnahme per Katheter durch den Tierarzt. Untersucht werden die physikalisch-chemische Zusammensetzung des Urins und das sogenannte Sediment. In Letzterem kann man unter dem Mikroskop Zellen wie Blasen- oder Nierenzellen oder Blutkörperchen genau bestimmen, außerdem Kristalle (Hinweis auf Harngrieß und Blasensteine) diagnostizieren.

In vielen akuten Fällen ist die Gabe von Antibiotika erforderlich. Werden Kristalle nachgewiesen, muss der Hund zusätzlich eine Spezialdiät fressen.

Die recht unterschiedlichen Ursachen einer Harntraktsymptomatik erfordern unterschiedliche Therapien. Eine Komplikation ist der Harnröhrenverschluss mit fehlendem Urinabsatz. Dauert er länger als einen Tag, kann er durch den Rückstau des Urins in die Nieren zu Nierenversagen führen. Unbehandelt führt er zum Tod. Auch sonst können nach einer zu langen Dauer des Verschlusses Schäden zurückbleiben. Er muss deshalb schnellstmöglich (evtl. auch operativ) entfernt werden.

➤ **Hinweis:** Da Rüden Urin immer nur in kleinen Mengen absetzen, müssen sie lange genug spazieren gehen, bis sie ihre Blase entleert haben. Ansonsten bleibt zu viel Urin in der Blase zurück und fördert Entzündungen.

➤ **Homöopathische Behandlung:** Homöopathische Arzneien unterstützen die schulmedizinische Behandlung. Das Gewebe heilt besser aus, der Nährboden für Bakterien ist geringer. Daher ist die Rückfallrate kleiner.

Cantharis (*Lytta vesicatoria*, Spanische Fliege)
Ursachen: akute Entzündung
Symptome: ständiger Harndrang, der Hund versucht immer wieder, Urin abzusetzen, es kommt aber nichts oder nur wenige, meist blutige Tröpfchen; schmerzhaft; beim Laufen verliert er evtl. Urintröpfchen
Verschlimmerung: durch Kälte, Nässe
Besserung: durch Wärme

➤ **Besonderheit:** Meistens ist zusätzlich noch ein Antibiotikum nötig.

➤ Potenz, Dosierung: D4, D6, anfangs alle 2 Stunden, dann bei Besserung des Harndrangs 3 x 1 Dosis (→ Seite 55), bis die Symptome verschwunden sind, meist nach 3 bis 4 Tagen; häufig ist ein Folgemittel nötig

Dulcamara (*Solanum dulcamara*, Bittersüßer Nachtschatten)
Ursachen: akute oder akut rezidivierende (wiederkehrende) Entzündung als Folge von Durchnässung
Symptome: Harndrang; Bauchschmerzen; selten wird Urin beim Laufen oder Liegen verloren; Symptome nicht so stark wie bei Cantharis (→ oben)
Verschlimmerung: durch Nässe, bei Wetterwechsel von warm zu kalt

➤ Potenz, Dosierung: C30, 1 x 1 Dosis (→ Seite 55), evtl. nach 12 Stunden wiederholen, dann sollte der Urin wieder normal sein

Mercurius solubilis Hahnemanni (Quecksilber nach Hahnemann)
Ursachen: akute oder subakute Blasenentzündung
Symptome: blutiger, wund machender Urin; wenig Harndrang und wenig Schmerzhaftigkeit
➤ Potenz, Dosierung: D8, 2 x 1 Dosis (→ Seite 55)
Berberis (*Berberis vulgaris*, Gewöhnliche Berberitze)
Ursachen: subakute oder rezidivierende (= wiederkehrende) Blasenentzündung
Symptome: Der Hund verliert ab und zu Urin; der Urin ist mal hell, mal dunkel; das Befinden wechselt zwischen munter und matt, zwischen durstig und nicht durstig bzw. hungrig und nicht hungrig. Berberis eignet sich gut für die Nach- und Dauerbehandlung von chronischen Blasen- und Nierenentzündungen oder von verschleppten Infektionen (→ Glossar, Seite 245).
Verschlimmerung: durch Bewegung
➤ Potenz, Dosierung: D4, 3 x 1 Dosis (→ Seite 55)

Erkrankungen der Nieren und Harnleiter

Die Nieren haben folgende Aufgaben:
➤ Regulation des Wasserhaushalts
➤ (langfristige) Regulation des Blutdrucks
➤ Ausscheidung von Abfallprodukten, beispielsweise Harnsäure, Harnstoff, Kreatinin (→ Glossar, Seite 243)
➤ Regulation des Säure-Basen-Haushalts und des Mineralstoffhaushalts
➤ Hormonbildung, z. B. für die Produktion roter Blutkörperchen
➤ Beteiligung am Vitamin-D-Stoffwechsel
Ursachen von Nierenerkrankungen: Infektionen; Folge von Vergiftungen, anderen Erkrankungen, z. B. Herzerkrankungen; altersbedingte Degeneration des Nierengewebes; Stress; Folge einer Nieren- oder anderen Operation; Traumen (Schlag, Stoß); Zysten (→ Seite 245); Tumoren; Übergewicht; Kristall- oder Steinbildung; Störungen im Immunsystem; angeborene Missbildungen
Allgemeine Symptome (unterschiedlich je nach Ursache): der Urin ist verändert in Farbe, Menge sowie

Absatzhäufigkeit; vermehrter Durst; stumpfes Fell; Mattigkeit; Mundgeruch; Erbrechen; Schmerzhaftigkeit im Rücken im Bereich der Nieren, aufgekrümmter Rücken; Ödeme an Gliedmaßen, Bauch, Brust; epileptiforme Anfälle (→ Glossar, Seite 241) oder andere zentralnervöse Symptome wie Lähmungen

Wann zum Tierarzt? Bei Nierenproblemen sollten Sie Ihren Hund immer dem Tierarzt vorstellen. Er wird die Funktion der Nieren über folgende Parameter abklären: Urinmenge und -konzentration, Inhaltsstoffe des Urins (→ Blasenentzündung, Seite 95), pH-Wert des Urins (→ Glossar, Seite 244), Blutwerte. Die Abklärung der Krankheitsursache und des aktuellen Funktionszustands ist für eine gezielte und effektive Behandlung von Nierenerkrankungen sehr wichtig. Akute Nierenerkrankungen als Folge einer Infektion erfordern in der Regel auch eine antibiotische Behandlung.

Begleitbehandlung: Insbesondere nach Feststellung einer chronischen Nierenerkrankung ist häufig eine Umstellung der Ernährung nötig. Die geeigneten Diäten erhalten Sie von Ihrem Tierarzt. Im Handel angebotenes sogenanntes Diätfutter reicht bei den meisten Nierenerkrankungen nicht aus.

➤ **Homöopathische Behandlung:** Homöopathika unterstützen bei akuten und bei chronischen Erkrankungen, bei denen noch ein Regenerationsvermögen des Gewebes vorhanden ist, wie Infektionen, Vergiftungen oder Traumen, die Heilung. Bei den anderen chronischen Erkrankungen wie Degenerationen oder Tumoren können sie das Fortschreiten der Abbauprozesse aufhalten und die Ausscheidung von Harn unterstützen.

Wie bei der Leber zeigt sich auch hier, dass sich beim Einsatz von homöopathischen Medikamenten das Allgemeinbefinden des Hundes bereits bessert, bevor sich positive Veränderungen im Blutbild zeigen.

Berberis (→ Seite 97, 192)

Mercurius solubilis Hahnemanni (→ Seite 199)

Solidago (*Solidago virgaurea*, Goldrute)

Ursachen: Entzündung; Vergiftung; altersbedingte Degeneration (→ Glossar, Seite 241)

Symptome: veränderter Urin (ist anders als gewohnt, z. B. Farbe, Trübung, Geruch, Menge); erhöhte Nierenwerte im Blut; keine spezifischen Symptome vorhanden, empirischer Einsatz (→ Glossar, Seite 241)

➤ **Hinweis:** Das Mittel wird auch eingesetzt als Zwischenmittel, wenn sich Symptome ändern oder neue Symptome auftreten, oft auch im Wechsel mit Berberis.

➤ Potenz, Dosierung: D2, 3 x 1 Dosis (→ Seite 55)

Lycopodium (*Lycopodium clavatum*, Bärlapp)
Symptome: ist müde, launisch, lustlos; ist sehr wählerisch beim Fressen, frisst gern Süßes; hat dunklen Urin; manchmal Blasen- oder Nierensteine, evtl. Harngrieß
Verschlimmerung: durch Nässe, Kälte, Stress, morgens und zwischen 16 und 20 Uhr
Besserung: durch Bewegung, warmes Futter

➤ Potenz, Dosierung: D6, 3 x 1 Dosis; C30, 1 x 1 Dosis (→ Seite 55) bis zur Besserung; evtl. als Dauertherapie

Arsenicum album (Acidum arsenicosum, Arsenige Säure, weißes Arsenik)
Ursachen: Entzündung; Degeneration
Symptome: der Hund ist müde, magert ab und sieht alt aus; hat großen Durst, trinkt aber immer nur kleine Mengen; hat schuppige Haut; veränderter Urin; Erbrechen möglich, fauliger Geruch aus dem Maul; manchmal kann auch Durchfall auftreten
Besserung: durch Wärme

➤ Potenz, Dosierung: D6, 2 bis 3 x 1 Dosis; D12, 1 x 1 Dosis (→ Seite 55) bis zur Besserung; evtl. als Dauertherapie (→ Seite 36)

Harngrieß, Steinbildung

Ursachen: Infektion; Stoffwechselstörung; ist angeboren (z. B. bei Dalmatinern); Hunde trinken zu wenig
Allgemeine Symptome: Symptome einer Entzündung wie Schmerzhaftigkeit; kein oder mühsamer Urinabsatz; kann zunächst auch symptomlos sein (Zufallsbefund beim Röntgen, Ultraschall oder bei Urinuntersuchung)
Wann zum Tierarzt? Bei den angegebenen Symptomen sollten Sie immer zum Tierarzt gehen.

Begleitbehandlung: Für die erforderliche zusätzliche Therapie mit Diät oder anderen Medikamenten ist eine genaue Analyse des Steins oder Grießes durch den Tierarzt nötig. Große Steine werden meist operativ entfernt.

➤ **Homöopathische Behandlung:** Dabei geht es um eine »Umstimmung«, das heißt Normalisierung des Blasen- und Nierenmilieus. Daher ist die homöopathische Medikation unabhängig von der Art des Steins. Harnsteine und Harngrieß können auch häufig erfolgreich mit dem Konstitutionsmittel des Hundes behandelt werden (→ Seite 23).

Lycopodium (→ Seite 99, 176)

Sarsaparilla (*Smilax utilis*, Stechwinde)
Symptome: Harndrang; Harngrieß mit gleichzeitiger Entzündung von Blase oder/und Nieren; der Urin tröpfelt nach dem Urinabsatz nach; Ekzem der Haut mit nässenden und eitrigen Bläschen

➤ Potenz, Dosierung: D4, 3 x 1 Dosis (→ Seite 55) bis zur Besserung

Silicea (Acidum silicicum, Kieselsäure)
Empirische Anwendung (Glossar, → Seite 241) bei Nierensteinen; vermindert Kolikanfälle; reduziert die Steinneubildung

➤ Potenz, Dosierung: D6, 2 x 1 Dosis; D12, 1 x 1 Dosis (→ Seite 55) bis zur Besserung; evtl. Dauertherapie (→ Seite 36)

Blasenlähmung

Bei einer Blasenlähmung kann der Hund aktiv keinen Urin absetzen, da die Versorgung der Nerven der Blasenmuskulatur und des Schließmuskels

---

INFO

Rückfall nach einer Infektion
Hunde neigen dazu, nach einer Blasen- und Niereninfektion einen Rückfall zu bekommen. Lassen Sie deshalb den Urin des Hundes nochmals nach einigen Wochen bis Monaten vom Tierarzt untersuchen. Im akuten Krankheitsfall darf der Hund nicht schwimmen und möglichst nicht kalt und nass werden. Er sollte nicht auf kaltem Untergrund liegen.

beispielsweise als Folge eines Traumas oder eines Bandscheibenvorfalls gestört ist.

Allgemeine Symptome: fehlender Urinabsatz; Bauchschmerzen; passiver Urinverlust

Wann zum Tierarzt? Sie müssen immer zum Tierarzt gehen, da insbesondere bei fehlendem Urinabsatz die Blase entleert werden muss.

➤ **Homöopathische Behandlung:**

Arnica *(Arnica montana)*
Ursachen: Folge von Unfall, Verletzung
Symptome: Schmerzhaftigkeit, starke Berührungsempfindlichkeit
Verschlimmerung: durch Bewegung, Berührung
➤ Potenz, Dosierung: C30, 1 x 1 Dosis (→ Seite 55) bis zur Besserung

Plumbum aceticum (Bleiacetat)
Ursachen: Störungen der Nervenversorgung
Symptome: Blasenlähmung mit Unvermögen, Harn abzusetzen (spastisch) oder mit passivem Urinverlust (schlaffe Lähmung). Begleitend ist Darmlähmung oder/und Verstopfung möglich.
➤ Potenz, Dosierung: D6, 2 bis 3 x 1 Dosis (→ Seite 55)

Petroselinum *(Petroselinum crispum,* Krause Blattpetersilie)
Ursachen: Entzündung; Schwäche des Blasenschließmuskels; Überdehnung der Blasenwand
Symptome: plötzlicher Harndrang (spastische Lähmung), passiver Urinverlust (schlaffe Lähmung), eher bei jüngeren Tieren; versuchsweise bei Inkontinenz nach Kastration, auch von Rüden
Verschlimmerung: nachts, durch Aufregung
➤ Potenz, Dosierung: schlaffe Lähmung: D2, 3 x 1 Dosis; spastische Lähmung: D6, 3 x 1 Dosis (→ Seite 55)

Causticum Hahnemanni (Hahnemanns Ätzstoff)
Ursachen: Inkontinenz infolge von Störungen im Nervensystem, auch altersbedingt; oft bei Spondylosen, Dackellähme; Folge von zu langem Urineinhalten
Verschlimmerung: durch trockenes Wetter
➤ Potenz, Dosierung: D4, D6, 3 x 1 Dosis; D12, 1 x 1 Dosis (→ Seite 55) nach Bedarf bis zur Besserung

Erkrankungen der Geschlechtsorgane

Hunde werden abhängig von Rasse und Größe durchschnittlich im Alter von 6 bis 15 Monaten geschlechtsreif. Bei Hündinnen ist dies mit dem Eintreten der ersten Läufigkeit der Fall, beim Rüden meistens dann, wenn er sich für Hündinnen interessiert.

➤ **Erkrankungen des Rüden** (Seite 102 bis 105): Es kann zu Erkrankungen an Penis, Prostata und Hoden kommen; Probleme bereiten außerdem Deckunlust oder übermäßiger Geschlechtstrieb.

Ursachen: Entzündungen; Tumoren; Entwicklungsstörungen; hormonelle Störungen; Folge anderer Erkrankungen (etwa orthopädischer Probleme)

➤ **Erkrankungen der Hündin** (Seite 105 bis 112): Bei der Hündin kann es zu Erkrankungen an der Gebärmutter, den Eierstöcken, am Gesäuge sowie zu Problemen im Zusammenhang mit der Läufigkeit, Trächtigkeit und der Geburt kommen.

Wann zum Tierarzt? Da das ganze Zyklusgeschehen sehr kompliziert, eine Gebärmutterentzündung sogar lebensgefährlich ist und sich auch andere Erkrankungen, etwa der Schilddrüse, auf die Fortpflanzung auswirken können, sollten Erkrankungen der Geschlechtsorgane immer vom Tierarzt abgeklärt werden.

➤ **Homöopathische Behandlung:** Sie sollte am besten von einem erfahrenen homöopathisch arbeitenden Tierarzt durchgeführt werden. Ist dies nicht möglich, dann behandeln Sie nur selbst homöopathisch nach Absprache mit einem schulmedizinisch arbeitenden Tierarzt.

Penisentzündung, Präputialkatarrh

Der Penis des Rüden befindet sich im Normalzustand in einer Tasche, die innen mit Schleimhaut ausgekleidet ist. Auch der Penis ist von Schleimhaut bedeckt. Alle diese Schleimhäute produzieren zur Feuchthaltung ständig ein gelblich weißes Sekret. Manche Rüden produzieren davon sehr viel, ohne dass eine Entzündung vorliegt.

Die Kastration reduziert normalerweise diese übermäßige Produktion. Auch mit Konstitutionsmitteln (→ Seite 23, 166) ist eine Sekretverminderung manchmal zu erreichen. Entwickelt sich eine Entzündung, weil der Rüde beispielsweise leckt oder häufig masturbiert, muss diese behandelt werden.

Wann zum Tierarzt? immer, um schwerwiegendere Krankheiten wie etwa Tumoren auszuschließen

Begleitbehandlung: Spülungen vom Tierarzt oder mit Calendula, wie auf Seite 126 beschrieben; falls nötig auch Antibiotika

➤ **Homöopathische Behandlung:**

Hepar sulfuris (Kalkschwefelleber, Hahnemanns Calciumsulfid)
Symptome: akute Eiterung; starke Schmerzhaftigkeit, große Berührungsempfindlichkeit; Geruch nach altem Käse; eitrig-grünliches oder wässriges Sekret
➤ Potenz, Dosierung: D8, 2 bis 3 x 1 Dosis (→ Seite 55)

Mercurius solubilis Hahnemanni (Quecksilber nach Hahnemann)
Symptome: geschwollene, gerötete Schleimhäute, evtl. mit kleinen Geschwüren; dünnflüssiges, wund machendes, grünlich-eitriges, unangenehm riechendes Sekret
➤ Potenz, Dosierung: D8, 2 x 1 Dosis (→ Seite 55)

Pulsatilla (*Pulsatilla pratensis*, Küchenschelle)
Symptome: gelbliches oder gelblich grünes, cremiges, mildes, nicht wund machendes Sekret
➤ Potenz, Dosierung: D4, D6, 3 x 1 Dosis (→ Seite 55)

Silicea (Acidum silicicum, Kieselsäure)
Das Mittel sollte man probieren, wenn die obigen Mittel nicht passen und der Ausfluss schon lange besteht.
Symptome: dünnflüssiges Sekret
Verschlimmerung: durch Kälte und Nässe
➤ Potenz, Dosierung: D6, D12, 2 x 1 Dosis (→ Seite 55)

Fehlender Hodenabstieg (Kryptorchismus)

Normalerweise wandert der Hoden beim Welpen aus der Bauchhöhle durch den Leistenkanal in den Hodensack. Einer oder auch beide Hoden können gar nicht oder nur teilweise absteigen. Ist im Hodensack daher nur ein oder gar kein Hoden vorhanden, spricht man von Kryptorchismus. Da nicht abgestiegene Hoden tumorös entarten können, ist ein Abstieg wünschenswert.

Wann zum Tierarzt? Bei manchen Welpen wandern die Hoden noch einige Zeit zwischen Leistenkanal und Hodensack hin und her, bis sich der Leistenkanal am Leistenring (→ Glossar, Seite 243) geschlossen hat. Lassen Sie Ihren Hund vom Tierarzt untersuchen.

➤ **Homöopathische Behandlung:** Versuchsweise nur bei Welpen bei nicht erblichem Kryptorchismus. Geben Sie das passende Jungtierkonstitutionsmittel (→ Seite 170, 171, 186), sofern sich der Leistenring noch nicht geschlossen hat.

Gesteigerter Geschlechtstrieb

Ursachen: Läufige Hündinnen in Reichweite (meiden Sie dann möglichst den Kontakt mit der läufigen Hündin, indem Sie Ihren Hund auf anderen Wegen ausführen); konstitutionell bedingt

Allgemeine Symptome: Der Rüde jault, versucht wegzulaufen, frisst nicht, masturbiert.

Begleitbehandlung: evtl. Hormongabe vom Tierarzt, Kastration

➤ **Homöopathische Behandlung:** Falls Ihr Rüde dauernd, auch ohne läufige Hündin, übermäßigen Trieb zeigt, sollten Sie ihm sein Konstitutionsmittel (→ Seite 166) geben. Sind läufige Hündinnen die Ursache, kommen folgende Mittel infrage:

Agnus castus (*Vitex agnus castus*, Keuschlamm, Mönchspfeffer)

Agnus castus reguliert den Geschlechtstrieb, daher hilft es sowohl bei übermäßigem als auch bei mangelndem Geschlechtstrieb (Deckunlust, → rechts).

Symptome: Der Hund ist unruhig, jammert; er masturbiert meist; er frisst nicht oder schlecht; er reitet auf; eher jüngere Rüden sind betroffen.

➤ Potenz, Dosierung: D3, D4, 3 x 1 Dosis bis zum Verschwinden der Symptome (→ Seite 55)

Origanum (*Origanum vulgare*, Oregano)
Symptome: Hund jault, ist unruhig; masturbiert meist; frisst nicht; reitet auf; überwiegend ältere Rüden sind betroffen; bei der Untersuchung häufig geschwollene Prostata (Entzündung oder gutartige Vergrößerung)
➤ Potenz, Dosierung: D6, 3 x 1 Dosis (→ Seite 55) bis zum Abschwellen der Prostata oder bis zum Verschwinden der Symptome; bei gutartiger Vergrößerung der Prostata eher Dauertherapie. Das Mittel kann Prostatazysten verkleinern, die Vergrößerung reduzieren, eine weitere Vergrößerung verhindern.

Mangelnde Libido, Deckunlust

Möchte der Rüde nicht decken, sollte überprüft werden, ob die Hündin zum geeigneten Zeitpunkt vorgestellt wurde oder ob er Schmerzen oder eine andere Erkrankung hat. Eventuell sollte sich der Rüde ausruhen.
➤ **Homöopathische Behandlung:**
Agnus castus (*Vitex agnus castus*, Keuschlamm, Mönchspfeffer)
Symptome: Hund ist unlustig, erschöpft; schlaffe Hoden; oft ältere Deckrüden oder nach längerer Pause
➤ Potenz, Dosierung: D3, D4, 3 x 1 Dosis (→ Seite 55) bis zum Verschwinden der Symptome
Arnica (*Arnica montana*)
Symptome: körperliche Überanstrengung
➤ Potenz, Dosierung: C30, 1 x 1 Dosis (→ Seite 55)
Acidum phosphoricum (Phosphorsäure)
Symptome: Rüde ist überbeansprucht, erschöpft nach zu vielen Deckakten oder Krankheit; ist nervös
➤ Potenz, Dosierung: D6, 3 x 1 Dosis (→ Seite 55)

Gebärmutterentzündung

Ursachen: Infektion; nach der Geburt, wenn Nachgeburten oder Welpen zurückbleiben; Hormonstörungen
Allgemeine Symptome: entweder akut im Zusammenhang mit der Geburt oder vier bis acht Wochen nach Ende der Läufigkeit, seltener auch direkt im Anschluss

an die Läufigkeit – erscheint wie verlängerte Läufigkeit: Fieber, Apathie; Appetitlosigkeit, trinkt viel; Ausfluss aus der Scheide (eitrig, blutig etc.) bei offener Gebärmutter

Wann zum Tierarzt? Immer, da diese Entzündung zum Tod führen kann, außerdem können Fieber, Apathie etc. auch auf andere Erkrankungen hindeuten. Besonders gefährlich ist die geschlossene Entzündung, wenn der Eiter nicht abfließen kann, weil sich die Gebärmutter nicht öffnet. Die Gebärmutter kann platzen und den Eiter in die Bauchhöhle entleeren; außerdem kann es sein, dass man die Entzündung nicht rechtzeitig bemerkt und es zu einer Blutvergiftung kommt. Methode der Wahl ist die Entfernung der Gebärmutter. Wenn mit der Hündin noch gezüchtet werden soll oder die Hündin nicht mehr operationsfähig ist, kann eine homöopathische Therapie versucht werden. Sie sollte jedoch immer mit einer Antibiotikatherapie kombiniert werden.

➤ **Homöopathische Behandlung:**

Lachesis (*Lachesis muta*, Buschmeisterschlange)
Im Arzneimittelbild von Lachesis (→ Seite 17, 174) ist eine Neigung zu Blutungen vorhanden.
Ursachen: Infektion durch nicht abgegangene Nachgeburten oder tote Welpen in der Gebärmutter; andere Infektionen
Symptome: sich langsam entwickelndes Fieber, oft nicht über 39,8 °C; wenig Durst; evtl. stinkender und dunkler Ausfluss
Verschlimmerung: durch Wärme, Druck, nach dem Schlafen
➤ Potenz, Dosierung: D8, D12, 2 bis 3 x täglich 1 Dosis (→ Seite 55)
➤ **Besonderheit:** Kombination mit Sabina gut möglich
Sabina (*Juniperus sabina*, Sadebaum)
Empirische Erfahrung (→ Glossar, Seite 241); fördert die Ausscheidung von Nachgeburten, Teilen davon oder von sonstigen auszuscheidenden Gewebeteilen
➤ Potenz, Dosierung: D6, 2 x 1 Dosis über 1 bis 3 Wochen (→ Seite 55)
Aristolochia (*Aristolochia clematitis*, Osterluzei)
Symptome: bräunlicher, auch blutiger Ausfluss; die der

Entzündung vorausgegangene Läufigkeit war schwächer als sonst; eher ältere Hündinnen sind betroffen
➤ Potenz, Dosierung: D12, 1 bis 2 x 1 Dosis bis 6 Wochen nach Abheilung der Gebärmutter (→ Seite 55)
Pulsatilla (*Pulsatilla pratensis*, Küchenschelle)
Symptome: gelblicher oder gelblich grüner, cremiger, nicht wund machender Ausfluss
➤ Potenz, Dosierung: D4, D6, 3 x 1 Dosis (→ Seite 55)
➤ **Hinweis:** Pulsatilla hilft auch bei Scheidenentzündung der noch nicht läufig gewesenen Junghündin sowie bei Hündinnen mit eher schwacher Läufigkeit; Hündinnen, die lange bluten, deren Läufigkeitsintervalle (→ Seite 243) verlängert sind (meist 7 bis 9 Monate).
→ auch Konstitutionsmittel, Seite 182
Sepia (*Sepia officinalis*, Tintenfisch)
Symptome: bräunlicher oder gelblicher Ausfluss, übel riechend, wund machend; Hündinnen, die dem Sepia-Typ entsprechen, → Konstitutionsmittel, Seite 184
➤ Potenz, Dosierung: D6, 3 x 1 Dosis bis zur Besserung (→ Seite 55)

Scheinträchtigkeit

Ursachen: Hormonelles Ungleichgewicht; manchmal auch nach Bedeckung ohne Befruchtung; Beginn ca. vier bis sechs Wochen nach Ende der Läufigkeit

INFO

Läufigkeit der Hündin
➤ Die Läufigkeit dauert meistens etwa drei Wochen. Meist blutet sie sieben bis zehn Tage, dann wird der Ausfluss heller bis klar. Manche Hündinnen bluten die gesamte Läufigkeit.
➤ Decken lässt sich die Hündin meist (individuell unterschiedlich) zwischen dem 10. und 17. Tag. Sie duldet dann das Aufspringen des Rüden und dreht den Schwanz zur Seite.
➤ Viele, auch sonst sehr gehorsame Hündinnen laufen in dieser Zeit mit dem Rüden davon. Leinen Sie sie an!

Allgemeine Symptome: geschwollenes Gesäuge mit Milchbildung; psychische Veränderungen wie Nestbau, Verteidigen von Spielsachen und Verschleppen als Welpenersatz ins Nest; Aggression; Apathie

Begleitbehandlung: Hündin am Selbstabsaugen der Milch hindern, da dies die Milchproduktion unterhält; eventuell kühlender Quarkwickel (→ Seite 145); Spielsachen wegnehmen

➤ **Homöopathische Behandlung:**

Pulsatilla (*Pulsatilla pratensis*, Küchenschelle)
Symptome: Gesäuge geschwollen, reichlich Milch; Hündin sehr liebebedürftig, will nicht allein sein; ist träge
Besserung: durch Trost, kalte Umschläge
➤ Potenz, Dosierung: D6, 3 x 1 Dosis, bis keine Milch mehr da ist (→ Seite 55)

Ignatia (*Strychnos ignatii*, Ignatiusbohne)
Symptome: psychische Veränderungen, wie Verschleppen von Spielzeug ins Nest, Aggression, Nestbau; ist träge, will allein sein; hat keine oder kaum Milch
➤ Potenz, Dosierung: D30, 1 x 1 Dosis (→ Seite 55) alle 3 bis 4 Tage nach Bedarf

Phytolacca (*Phytolacca decandra*, Kermesbeere)
Symptome: hat Milch, Gesäuge ist meist etwas empfindlich und hart
➤ Potenz, Dosierung: D1, D2, 3 x 1 Dosis (→ Seite 55)
➤ **Wichtig:** Bitte beachten Sie unbedingt die Potenz, Phytolacca wirkt je nach Potenz unterschiedlich!

Inkontinenz nach Kastration

Ursachen: nicht genau bekannt, evtl. Hormonmangel; überwiegend bei Hündinnen über 20 kg
Allgemeine Symptome: Der Schließmuskel der Harnröhre schließt nicht richtig, dadurch verliert die Hündin Urin, ständig oder im Schlaf, auch beim Aufstehen.
Wann zum Tierarzt? immer, um andere Ursachen auszuschließen
➤ **Homöopathische Behandlung:**

Pulsatilla (*Pulsatilla pratensis*, Küchenschelle)
→ Konstitutionsmittel, Seite 182, wenn alle Symptome

des Hundes, wie Organsymptome und Verhalten, zum Arzneimittelbild passen

➤ Potenz, Dosierung: D6, 3 x 1 Dosis (→ Seite 55), D30, 1 x 1 Dosis nach Bedarf (→ Seite 167)

Sepia (*Sepia officinalis*, Tintenfisch)
→ Konstitutionsmittel, Seite 184, wenn alle Symptome des Hundes, wie Organsymptome und Verhalten, passen; eher ältere Hündinnen sind betroffen

➤ Potenz, Dosierung: D30, 1 x 1 Dosis nach Bedarf

Petroselinum: → Seite 101
Causticum Hahnemanni: → Seite 195

Unterstützung der Trächtigkeit

Die Trächtigkeit dauert bei der Hündin 59 bis 68 Tage, durchschnittlich 63 Tage. Zu Beginn der Trächtigkeit brauchen Sie keine besonderen Maßnahmen zu ergreifen. Im letzten Drittel der Trächtigkeit wird Ihre Hündin an Gewicht und Umfang zunehmen, das Gesäuge wird allmählich größer. In dieser Zeit sollten Sie die Futtermenge erhöhen und die Fütterung auf ein Welpenfutter umstellen. Dieses enthält mehr Eiweiß, Fett und Mineralien, was für das Wachstum der Welpen und die Milchbildung der Mutter nötig ist.
Begleitbehandlung: Führen Sie noch einmal eine Wurmkur durch, die für trächtige Hündinnen zugelassen ist.

➤ **Homöopathische Behandlung:** Mit folgendem Mittel können Sie zusätzlich die Geburt vorbereiten:
Pulsatilla (*Pulsatilla pratensis*, Küchenschelle)
Empirische Erfahrung (→ Seite 241); unterstützt die Hormonumstellung zur Geburtseinleitung; Öffnung der Gebärmutter erfolgt leichter; Geburt wird erleichtert

➤ Potenz, Dosierung: D12, 1 x 1 Dosis (→ Seite 55) täglich ca. 1 Woche vor dem Geburtstermin bis zur Geburt

Unterstützung der Geburt

Während der Geburt kann es zu folgenden Komplikationen kommen: die Geburt kommt nicht in Gang, die

Geburt stockt, es kommen tote Welpen zur Welt, Wehenschwäche.

Ursachen der Geburtsstörungen: Wehenschwäche; zu große Welpen; Verengungen des Geburtskanals nach Unfällen als Folge einer Beckenfraktur; tote Welpen beispielsweise nach einer Infektion; Gebärmutterdrehung, Fehllage eines Welpen; Stress

Wann zum Tierarzt? Die meisten Hündinnen zeigen den Eintritt der Geburt an, indem sie 12 bis 24 Stunden vorher einen Temperaturabfall um ein Grad, im After gemessen, haben. Mit Einsetzen der Geburt steigt die Temperatur wieder an. Findet die Geburt dann nicht statt oder platzt nur eine Fruchtblase und es folgt kein Welpe, müssen Sie den Tierarzt aufsuchen. Die Welpen werden normalerweise in Abständen unter einer Stunde geboren. Bei großen Würfen legt die Hündin manchmal auch Pausen bis zu zwei Stunden ein. Die Würfe bestehen rasse- und größenabhängig aus zwei bis zwölf Welpen. Sind die Abstände größer oder zeigt die Hündin ständiges Pressen, kommen tote Welpen oder stinkendes Sekret, sollten Sie ebenfalls den Tierarzt aufsuchen. Eine normale Geburt dauert höchstens 24 Stunden.

➤ **Homöopathische Behandlung:** Behandelbar ist nur die Wehenschwäche. Unterstützend sollten Sie schon geborene Welpen an die Zitzen anlegen, da ihr Saugen weitere Wehen auslöst. Zusätzlich sollten Sie evtl. Calcium nach Anweisung Ihres Tierarztes geben. Nach oder mit jedem Welpen kommt üblicherweise eine Nachgeburt. Bitte überprüfen Sie deren Abgang, da nicht abgestoßene Nachgeburten Infektionen der Gebärmutter auslösen. Bitte achten Sie darauf, denn Hündinnen fressen die Nachgeburt oft auf.

Caulophyllum (*Caulophyllum thalictroides*, Frauenwurzel)

Ursachen: schwache Wehen ohne sonstige Geburtsprobleme

➤ Potenz, Dosierung: D4, maximal 3 x 1 Dosis (→ Seite 55) im Abstand von einer halben Stunde

➤ **Wichtig:** Wenn nach Gabe des Mittels keine Geburt eintritt, müssen Sie schnellstens zum Tierarzt gehen.

Milchmangel

Allgemeine Symptome: Die Welpen weinen, da sie hungrig sind. Bei der Untersuchung des Gesäuges der Hündin lässt sich feststellen, dass es wenig angebildet, also kaum zu sehen ist und kaum Milch enthält.

Begleitmaßnahme: Messen Sie bei Ihrer Hündin Fieber, um eine andere Erkrankung auszuschließen, und überprüfen Sie ihr Gesäuge.

Wann zum Tierarzt? Sofort. Lassen Sie dabei grundsätzlich überprüfen, ob sonst eine Erkrankung vorliegt, da kranke Hündinnen keine Milch produzieren können.

➤ **Homöopathische Behandlung:** Liegt keine sonstige Erkrankung vor, können Sie folgendes Mittel geben, um den Milchfluss zu stimulieren:

Phytolacca (*Phytolacca decandra*, Kermesbeere)

➤ Potenz, Dosierung: D3, D4, 3 x 1 Dosis (→ Seite 55) bis zur Besserung

➤ **Wichtig:** Bitte beachten Sie die Potenz, Phytolacca wirkt je nach Potenz unterschiedlich!

INFO

Mutterlose Aufzucht
Wenn die Hündin ihre Welpen nicht oder nur unzureichend ernähren kann, müssen sie mit der Flasche gefüttert werden. Am Anfang werden die Welpen 8 x täglich, später 6 bis 4 x täglich gefüttert. Die Gesamtfuttermenge entnehmen Sie der Anleitung der Ersatzmilch.
Wiegen Sie die Welpen regelmäßig; sie sollten ca. 5 bis 6 Prozent ihres Gewichts pro Tag zunehmen.

Milchstau

Ursachen: Die Welpen trinken nicht genug Milch, oder einige sind gestorben oder krank. Dadurch bleibt zu viel Milch im Gesäuge zurück, es entsteht infolgedessen ein Stau.

Allgemeine Symptome: Das Gesäuge ist prall gefüllt, es ist meist etwas wärmer als sonst und schmerzempfindlich; es sind weder Entzündungszeichen noch Fieber vorhanden.

➤ **Homöopathische Behandlung:**
Phytolacca (*Phytolacca decandra*, Kermesbeere)
➤ Potenz, Dosierung: D1, D2, 3 x 1 Dosis (→ Seite 55)
bis zur Normalisierung
➤ **Wichtig:** Bitte beachten Sie unbedingt die Potenz,
Phytolacca wirkt je nach Potenz unterschiedlich!

Gesäugeentzündung (Mastitis)

Ursachen: Eine Gesäugeentzündung entwickelt sich
sehr leicht aus einem Milchstau.
Wann zum Tierarzt? Wenn die Hündin Fieber hat oder
Störungen des Allgemeinbefindens zeigt, suchen Sie
bitte den Tierarzt auf. Es sind meist Antibiotika nötig.
Begleitbehandlung: Um die Entzündung zu lindern,
können Sie einen Quarkwickel machen (→ Seite 145)
oder Kohlblätter aus dem Kühlschrank auflegen.
➤ **Homöopathische Behandlung:**
Phytolacca (*Phytolacca decandra*, Kermesbeere)
Symptome: Das Gesäuge ist hart, geschwollen, schmerz-
empfindlich, oft heiß, rot.
➤ Potenz, Dosierung: D6, 3 x 1 Dosis (→ Seite 55) bis
zur Besserung
➤ **Wichtig:** Bitte beachten Sie unbedingt die Potenz,
Phytolacca wirkt je nach Potenz unterschiedlich!
Apis (*Apis mellifica*, Honigbiene)
Symptome: Nur ein oder zwei Gesäugekomplexe sind
betroffen, diese sind weich, leicht gerötet und berüh-
rungsempfindlich »wie nach einem Bienenstich«.
➤ Potenz, Dosierung: D4, D6, 3 x 1 Dosis (→ Seite 55)
Bei Fieber → auch Fieber-
mittel (Seite 146)

*Hündinnen lecken ihre
Welpen regelmäßig am
Bauch und am After, um
deren Verdauung und
Kotabsatz anzuregen.*

Unterstützung der Entwicklung von Welpen

Welpen können die gleichen Erkrankungen wie erwachsene Hunde bekommen. Sehen Sie daher in den entsprechenden Kapiteln nach. Besonders leiden sie unter den Folgen von Wurmbefall (→ Seite 86), Durchfällen (→ Seite 82), Fieber (→ Seite 146) und beim Zahnen (→ Seite 66); Hodenabstieg (→ Seite 103).

➤ **Homöopathische Behandlung:** Einige Mittel sind bei jungen Tieren besonders oft hilfreich.

Calcium carbonicum Hahnemanni (Austernschalenkalk)

Bis zum Alter von vier bis sechs Wochen brauchen die meisten Welpen Calcium carbonicum als Konstitutionsmittel (→ Seite 170). Es unterstützt den Einbau der Nährstoffe, besonders der Mineralstoffe, in das Gewebe. Danach kann das Konstitutionsmittel wechseln.

Symptome: Die Welpen sind rundlich, tapsig, das Gewebe ist schlaff; außerdem sind sie ruhig und wirken etwas phlegmatisch. Der Appetit ist gut.

➤ Potenz, Dosierung: D12, 1 x täglich 1/4 Dosis (→ Seite 55) über 3 bis 4 Tage nach der Geburt für alle Welpen; ansonsten 1 x täglich 1/2 Dosis nach Bedarf bis zu 6 Wochen sowie für ältere Welpen, die ab 6 Wochen immer noch dem Calcium-carbonicum-Bild entsprechen

Calcium phosphoricum (Calciumphosphat)

Dies ist wie Calcium carbonicum ebenfalls ein Konstitutionsmittel für Welpen (→ Seite 171). Es kann Folgemittel sein nach der Calcium-carbonicum-Phase, wenn die Welpen nicht Calcium carbonicum bleiben. Es entwickelt sich der »normale« Durchschnittswelpe.

➤ Potenz, Dosierung: D12, 1 x 1/2 Dosis (→ Seite 55)

Silicea (Acidum silicicum, Kieselsäure)

Entwickeln sich die Welpen nicht gut und sind sie im Alter von 6 bis 8 Wochen immer noch sehr zierlich im Vergleich zu gleichaltrigen Welpen, sollten Sie an Silicea denken (→ Konstitutionsmittel, Seite 186).

Symptome: meist wechselnder Appetit; anfällig für Parasiten und Durchfall; etwas ängstlich; liegen gern warm

➤ Potenz, Dosierung: D12, 1 x 1/2 Dosis (→ Seite 55)

Erkrankungen des Stütz- und Bewegungsapparats

Zum Stützapparat des Körpers gehören die Wirbelsäule einschließlich Schwanz, der Brustkorb mit den tragenden Rippen und das Becken. Den Bewegungsapparat bilden die Vorder- und Hintergliedmaßen.

Die funktionellen Einheiten sind Knochen, Muskulatur, Sehnen, Bänder, Gelenke sowie die die Muskeln versorgenden Nerven.

Ursachen:
➤ Verletzungen (Biss, Unfall, Fremdkörper, Schnitte)
➤ akute Entzündungen (als Folge von stumpfen oder spitzen Traumen)
➤ Knochenbrüche (Frakturen), etwa nach Unfall, Biss
➤ Tumoren
➤ Stoffwechselstörungen des Gewebes (Knochen-, Knorpelgewebe)
➤ andere innere Erkrankungen, wie z.B. Nierenerkrankungen
➤ degenerative Erkrankungen wie Arthrose
➤ angeborene oder autoimmune Erkrankungen
➤ Übergewicht
➤ bakterielle Infektionen
➤ Toxine, etwa von Pflanzen (→ Glossar, Seite 245)

Allgemeine Symptome:
➤ Lahmheit
➤ Lähmung
➤ Nichtbenutzen von Gliedmaßen
➤ schweres Aufstehen, Steifigkeit
➤ Unlust oder Unvermögen zu springen
➤ Schmerzäußerungen bei Berührung oder bei bestimmten Bewegungen
➤ allgemeine Aggression

Wann zum Tierarzt? Einige Erkrankungen sind nur chirurgisch zu behandeln oder bedürfen einer zusätzlichen Therapie, etwa Antibiotika. Bei anderen Symptomen ist zunächst abzuklären, woher sie kommen. Daher sollte ein Hund mit Bewegungsstörungen unbekannter Ursache immer einem Tierarzt vorgestellt werden.

Begleitbehandlung: Der Hund sollte sich so wenig wie möglich bewegen, deshalb strenger Leinenzwang.

Knochenbruch (Fraktur)

Eine häufige Gesundheitsstörung der Knochen ist der Knochenbruch, der zumeist Folge eines Unfalls ist.
Wann zum Tierarzt? Viele Knochenbrüche werden heute am besten chirurgisch versorgt, während manche Frakturen oft auch gut konservativ (→ Glossar, Seite 242) durch Ruhe und Verband heilen. Lassen Sie daher bei Frakturverdacht immer eine Röntgenaufnahme machen und folgen Sie der Empfehlung Ihres Tierarztes.
➤ **Homöopathische Behandlung:** Die folgenden homöopathischen Medikamente können unterstützend sowohl nach einer Operation als auch bei konservativer Behandlung eingesetzt werden.
Symphytum (*Symphytum officinale*, Beinwell)
Symphytum fördert die Knochenheilung und kräftigt Bänder und Sehnen im Bereich der Fraktur.
Ursachen: Fraktur; Verletzungen, Prellungen der Knochenhaut und daraus folgende Überbeine (Exostosen)
➤ Potenz, Dosierung: D8, 2 x 1 Dosis (→ Seite 55)
➤ **Wichtig:** Bitte keine andere Potenz nehmen!
Weitere Mittel: → Unfall mit akuten Blutungen, Seite 133, → Schock, Seite 136, → Operationen, Seite 152

Wachstumsstörungen bei Junghunden

Ursachen: Mangel oder Überschuss an Mineralien, Vitaminen, Eiweiß, Fett; Entzündungen wie Panostitis (Knochenentzündung); genetisch bedingt
Allgemeine Symptome: Knochenauftreibungen, nicht gut mineralisierte Knochen; weiche Bänder und Sehnen, Durchtrittigkeit (→ Glossar, Seite 241). Hunde wachsen zu schnell, der Einbau von Mineralien kommt nicht nach; Schäden am Knorpel, Lahmheiten, Schmerzen
Wann zum Tierarzt? Immer, die Diagnose muss gesichert, die Fütterung optimiert werden. Manchmal muss auch operiert werden.

Begleitbehandlung: Ruhe

➤ **Homöopathische Behandlung:** Mit den folgenden Homöopathika können Sie den Einbau der optimierten Futterbestandteile fördern oder nach einer Operation die Heilung unterstützen.

Calcium carbonicum Hahnemanni: → Seite 170

Calcium phosphoricum: → Seite 171

Silicea: → Seite 186

Calcium fluoratum (Calciumfluorid, Flussspat)
Dieses Mittel wird häufig gebraucht beim Schäferhund.
Ursachen: Knorpelschäden, Bindegewebsschwäche
Symptome: Durchtrittigkeit der Gelenke (→ Glossar, Seite 241), vor allem vorn; Hund ist schnell gewachsen; Haut ist lose; Hund ist stürmisch, ungeschickt; manchmal wechselnde Lahmheiten oder Schmerzäußerungen
➤ Potenz, Dosierung: D6, 3 x 1 Dosis (→ Seite 55)

Erkrankungen des Bandapparats, der Sehnen und Gelenke

Abhängig von der Ursache, der Lokalisation und den betroffenen funktionellen Einheiten werden folgende Erkrankungen unterschieden:

➤ Distorsion (Zerrung/Verstauchung, Quetschung, Überdehnung einer Sehne, eines Bandes oder eines Gelenks): Sie sind meist die Folge eines stumpfen Traumas (→ Glossar, Seite 245) oder einer Überlastung im Bereich der Bänder und Sehnen.

➤ Tendinitis (Sehnenentzündung), Tendovaginitis (Sehnenscheidenentzündung): Ursachen dafür sind meist ein stumpfes Trauma oder eine Überlastung im Bereich der Sehnen und Sehnenscheiden.

➤ Arthritis (Gelenkentzündung): Gelenkentzündungen können durch ein Trauma oder durch Überlastung verursacht werden, aber auch durch Infektionen; außerdem autoimmune Ursachen (→ Glossar, Seite 240).

➤ Arthrose (chronische, degenerative Gelenkerkrankung): Die Arthrose ist häufig ein Prozess im Bereich der Gelenke, der sich an eine akute Erkrankung anschließt. Sie kann aber auch eine eigene Ursache haben, beispielsweise eine mechanische, stoffwechselbedingte, autoimmune, neurologische oder erbliche Ursache (z. B. Ellbogengelenksdysplasie/ED, Hüftgelenksdysplasie/HD). Viele Arthrosen sind multifaktoriell.

Wann zum Tierarzt? Wenn eine Lahmheit nicht innerhalb von drei Tagen mit oder ohne eigene Behandlung ausheilt, sollten Sie den Tierarzt aufsuchen, um die Ursache genau abklären zu lassen. In manchen Fällen muss nämlich operiert werden, oder es sind beispielsweise Antibiotika für die Behandlung erforderlich.

➤ **Wichtig:** Wenn Ihr Hund lahmt und Sie einen Verdacht auf Distorsion, Tendinitis, Arthritis oder Arthrose haben, achten Sie auf folgende Symptome: Steht der Hund schwer auf und läuft allmählich besser? Oder fällt ihm das Laufen erst leichter und wird dann schlechter? Wird das Bein oder ein Gelenk dick? Will der Hund überhaupt nicht laufen oder aufstehen? Sie erleichtern damit sich selbst das Auffinden des richtigen Mittels bzw. dem Tierarzt die Diagnose.

Begleitbehandlung: Unterstützend zur homöopathischen Therapie helfen oft Kühlung bei Entzündung (→ Tipp Seite 145), Wärme bei Arthrose und Ruhe (→ Info links).

➤ **Homöopathische Behandlung:** Mit den folgenden homöopathischen Medikamenten lässt sich die Heilung des betroffenen Gewebes unterstützen.

Arnica *(Arnica montana)*
Ursachen: Folge von Unfall, Verletzung; frische Zerrung
Symptome: betroffene

INFO

Richtig bewegen
Wird ein verletztes Gewebe zu stark belastet, kann es nicht heilen. Chronische Veränderungen werden die Folge sein. Daher sollten Sie Ihren Hund im akuten Fall und nach Operationen nur wenig bewegen und zur besseren Kontrolle an der Leine lassen.
Bei chronischen Problemen sollten die Hunde aber gezielt bewegt werden, damit kein Muskelschwund entsteht.

Gliedmaße ist stark schmerzhaft, starke Berührungsempfindlichkeit der Gliedmaße, evtl. Verdickung im Bereich der Verletzung; der Hund hält das Bein meist hoch oder belastet es kaum

Verschlimmerung: durch Bewegung, Berührung

➤ Potenz, Dosierung: D4, D6, 3 x 1 Dosis; C30, 1 x 1 Dosis (→ Seite 55)

➤ **Besonderheit:** Geben Sie Arnica in den ersten zwei bis vier Tagen nach der Verletzung. Entweder ist die Verletzung dann ausgeheilt, oder es folgen andere Mittel wie Rhus toxicodendron.

Rhus toxicodendron (Giftsumach)

Ursachen: Zerrungen an Bändern und Sehnen, meist einige Tage alt oder chronisch wiederkehrend; Überanstrengung, Durchnässung

Symptome: Lahmheit, die beim Aufstehen am schlimmsten ist und sich bei längerem Laufen bessert; nach zu langem Laufen wieder Verschlechterung

Verschlimmerung: durch Nässe und Kälte, Ruhe

Besserung: durch Wärme, Bewegung (anfänglich)

➤ Potenz, Dosierung: D6, 2 x 1 Dosis; D12, 1 x 1 Dosis (→ Seite 55) bis zur Besserung

➤ **Besonderheit:** Geben Sie das Mittel immer etwas länger, als die Symptome vorhanden sind, bei chronischen Lahmheiten mindestens drei Wochen.

Ruta (*Ruta graveolens*, Weinraute)

Ursachen: Quetschung, Verletzung von Knochenhaut, Knorpel, Band- und Sehnenansatz; Überanstrengung

Symptome: Lahmheit, die beim Aufstehen am schlimmsten ist und sich bei längerem Laufen bessert; wird nach zu langem Laufen wieder schlechter; Schmerzpunkte an den Bandansätzen am Gelenk

Verschlimmerung: durch Kälte, durch Nässe

Besserung: durch Wärme

➤ Potenz, Dosierung: D4, 3 x 1 Dosis (→ Seite 55)

➤ **Besonderheit:** Da sich Ruta und Rhus toxicodendron in ihrer Symptomatik wenig unterscheiden, ist es ratsam, Ruta zu geben, wenn Rhus toxicodendron nicht hilft, oder beide Mittel zu kombinieren. Dann dosieren Sie jedes Mittel, als würden Sie es einzeln geben.

DAS HILFT BEI BEWEGUNGSSTÖRUNGEN

Mit den unten genannten Methoden können Sie den Heilungsprozess Ihres Hundes unterstützen. Darüber hinaus gibt es weitere Maßnahmen, etwa Magnetfeldtherapie (→ Glossar, Seite 243), Nahrungsergänzung mit Mineralstoffen, Chondroitinsulfat und GAGs (Glykosaminoglycane), Unterwasserlaufband sowie TTouch. Sprechen Sie die Maßnahmen mit Ihrem Tierarzt ab.

Wärme	Erhitzen Sie ein kleines Körnerkissen im Backofen oder in der Mikrowelle und legen Sie es auf die entsprechende Region. Oder Sie decken den Hund zu. Kühlende Maßnahmen, → Tipp Seite 145.
Physiotherapie	Bei Hunden sind vor allem Massagen und Bewegungstherapien sehr gut möglich. Es sind hervorragende unterstützende Maßnahmen, sofern der Hund dazu noch gesundheitlich in der Lage ist. Bei herzkranken Hunden nur unter tierärztlicher Überwachung durchführen.
Osteopathie	Sehr gute unterstützende Behandlungsmethode, die von fast allen Hunden toleriert wird. Sie wird für Hunde noch sehr wenig angeboten, da sie noch in der Entwicklung ist.
Akupunktur/ Akupressur	Die Akupunktur ist sehr wirkungsvoll, wenn der Hund das Nadeln akzeptiert. Akupressur ist sehr gut unterstützend möglich, oft sogar besser als Akupunktur mit Nadeln, vor allem an den Gliedmaßen und am Bauch.
Achtung!	Äußere Einreibungen sind bei Hunden nach Verletzungen nicht sinnvoll, da das Einreibemittel im Haarkleid bleibt und nicht auf die Haut und in die Tiefe gelangen kann. Außerdem lecken Hunde Einreibungen oft sofort ab. Besser sind Kühlen (→ Tipp Seite 145) oder Wärme.

Bryonia (*Bryonia dioica*, Zaunrübe)
Ursachen: akute Entzündung im Bereich des Gelenks; sekundär bei akuten Entzündungen bei Arthrosen
Symptome: dickes, heißes Gelenk; der Hund hält evtl. das betroffene Bein hoch; da Druck bessert, liegt er oft auf dem betroffenen Gelenk
Verschlimmerung: durch leichten Druck, Bewegung
Besserung: durch festen Druck, Ruhe
➤ Potenz, Dosierung: D4, 3 x 1 Dosis (→ Seite 55)

Harpagophytum (*Harpagophytum procumbens*, Teufelskralle)
Ursachen: Arthrose großer Gelenke wie Knie, Hüfte, Ellenbogen
Symptome: Aufstehen fällt schwer, steifer Gang, nach etwas längerem Laufen wird es besser
Verschlimmerung: durch Nässe, Kälte
Besserung: durch Ruhe, Liegen
➤ Potenz, Dosierung: D2, 3 x 1 Dosis (→ Seite 55) bis zur Besserung; meist Dauertherapie (→ Seite 36)

Erkrankungen der Wirbelsäule

Die Wirbelsäule besteht aus Knochen, Gelenken und Bändern; dazwischen und darauf liegen Muskeln und Sehnen. Dadurch ähneln die Ursachen und Symptome an der Wirbelsäule denen an den Gliedmaßen.
Begleitbehandlung: Futternäpfe hochstellen, vor allem bei Beschwerden im Hals- und Brustwirbelsäulenbereich; den Hund beim Aufstehen unterstützen, insbesondere bei Hinterhandproblemen; Ruhe, Leinenzwang, evtl. Umstellen von Halsband auf Geschirr; Mantel, Halstuch zum Warmhalten anziehen
➤ **Homöopathische Behandlung:**
Arnica (*Arnica montana*)
Ursachen: Folge von Unfall, Schock, Verletzung; frische Zerrung, Prellung; nach Kampf; nach/durch Überlastung (»Muskelkater«)
Symptome: Schmerzhaftigkeit, starke Berührungsempfindlichkeit, evtl. Verdickung im Bereich der Verletzung; der Hund mag sich nicht bewegen

Verschlimmerung: durch Bewegung, Berührung
➤ Potenz, Dosierung: D4, D6, 3 x 1 Dosis; C30, 1 x 1 Dosis (→ Seite 55)

Rhus toxicodendron (Giftsumach)
Ursachen: Zerrungen an Bändern und Sehnen, meist einige Tage alt oder chronisch wiederkehrend; Verspannungen der Rückenmuskulatur
Symptome: Lahmheit, die beim Aufstehen am schlimmsten ist und sich bei längerem Laufen bessert; wird nach zu langem Laufen wieder schlechter. Der Hund versucht, den Rücken gegen etwas Hartes zu drücken, er liegt gern hart.
➤ **Besonderheit:** Geben Sie das Mittel immer etwas länger, als die Symptome vorhanden sind, bei chronischen Lahmheiten mindestens drei Wochen.
Verschlimmerung: durch Nässe und Kälte, Ruhe
Besserung: durch Wärme, Bewegung (anfänglich)
➤ Potenz, Dosierung: D6, 2 x 1 Dosis; D12, 1 x 1 Dosis (→ Seite 55)

Bryonia (*Bryonia dioica*, Zaunrübe)
Ursachen: akute Entzündung im Bereich des betroffenen Wirbelgelenks; akute Schübe bei chronischen Arthrosen
Symptome: betroffene Region im Rücken ist dick und warm; der Hund will nicht aufstehen
Verschlimmerung: durch leichten Druck, Bewegung, trockene Kälte
Besserung: durch festen Druck, Ruhe, Wärme
➤ Potenz, Dosierung: D4, 3 x 1 Dosis (→ Seite 55)

Harpagophytum (*Harpagophytum procumbens*, Teufelskralle)
Ursachen: Arthrose an den Wirbelgelenken; Spondylosen (im Röntgenbild sichtbare knöcherne Zubildungen an und zwischen den Wirbelkörpern)
Symptome: Aufstehen fällt schwer, steifer Gang, nach etwas längerem Laufen wird es besser; Verspannung im entsprechenden Rückenbereich
Verschlimmerung: durch Nässe, Kälte
Besserung: durch Ruhe, Liegen
➤ Potenz, Dosierung: D2, 3 x 1 Dosis (→ Seite 55)
➤ **Besonderheit:** Meist ist eine Dauertherapie nötig.

Nux vomica (*Strychnos nux-vomica*, Brechnuss)
Dies ist ein häufig gebrauchtes Mittel, insbesondere bei der sogenannten Dackellähme.
Ursachen: Verspannungen im Rückenbereich; Erkrankung des Rückenmarks, der Bandscheiben
Symptome: aufgekrümmter Rücken, stark verspannte Muskulatur; verspannter und harter Bauch; evtl. sind auch Kotabsatzbeschwerden vorhanden
Verschlimmerung: durch Berührung
Besserung: durch lokale Wärme
➤ Potenz, Dosierung: D6, alle 2 Stunden 1 Dosis am ersten Tag, dann sollte eine Besserung eingetreten sein; danach 3 x 1 Dosis bis zur Ausheilung (→ Seite 55)

Cimicifuga (*Actaea racemosa*, Wanzenkraut)
Symptome: akute Schmerzen der Halswirbelsäule; Hals ist steif
➤ Potenz, Dosierung: D4, 3 x 1 Dosis (→ Seite 55). Anfangsmittel (→ Glossar, Seite 240), meist nur 3 bis 4 Tage geben

Lachnanthes tinctoria (Wollnarzisse)
Ursachen: Verspannungen; Arthrosen, Spondylosen (→ unten) der Wirbelsäule; Bandscheibenverkalkungen
Symptome: Verspannungen und Schmerzen im Halswirbelbereich und in der ersten Hälfte der Brustwirbelsäule; als Folge davon oft auch Lahmheit eines Vorderbeins
➤ Potenz, Dosierung: D3, 3 x 1 Dosis nach Bedarf (→ Seite 55); evtl. Dauertherapie (→ Seite 36)

Strontium carbonicum (Strontiumcarbonat)
Ursachen: Spondylosen (knöcherne Zubildung bei den Wirbelkörpern); Nerveneinengungen beim Austritt aus dem Wirbelkanal; chronische Bandscheibenprobleme
Symptome: Hund kommt schlecht hoch; hartnäckige Verspannungen im Bereich Lendenwirbelsäule/Becken; Beine zittern, auch im Liegen
Verschlimmerung: nachts, vormittags, durch Berührung, körperliche Anstrengung, beim Hinlegen, zu Beginn der Bewegung
Besserung: durch Wärme, warmes Wetter
➤ Potenz, Dosierung: D6, 3 x 1 Dosis nach Bedarf (→ Seite 55, 167), evtl. Dauertherapie (→ Seite 36)

Erkrankungen des Nervensystems

Das Nervensystem umfasst zwei große Bereiche: einen zentralen Teil mit Gehirn und Rückenmark (Zentralnervensystem, ZNS) und einen peripheren (= am Rand liegenden) Anteil mit den großen und kleinen Nerven zur Versorgung der verschiedenen Körperorgane. Erkrankungen können – sowohl lokal als auch mehr oder weniger umfassend – beide Anteile betreffen. Betroffen sind das Rückenmark, der Austritt eines Nervs aus dem Wirbelkanal und damit die entsprechende Gliedmaße (z.B. der Ischiasnerv), Organe, die vom entsprechend gestörten Nerv versorgt werden (beispielsweise die Blase), der oder die Nerven im Bereich einer Gliedmaße. Nach Krankheitsform und klinischem Bild werden folgende Erkrankungen unterschieden:

➤ Nervenentzündung (Neuritis)
➤ Störungen im Nervenbereich, die zu Ausfällen führen, jedoch keine komplette Lähmung zur Folge haben
➤ krampfhafte Lähmung (spastische Paralyse)
➤ schlaffe Lähmung (lytische Paralyse)

Die Prognose dieser Erkrankungen ist in der Reihenfolge von oben nach unten immer schlechter, da das betroffene Nervengewebe zunehmend stark geschädigt ist.

Wann zum Tierarzt? Bei Verdacht einer Nervenerkrankung sollten Sie so schnell wie möglich einen Tierarzt aufsuchen, da sich einmal zerstörtes Nervengewebe, wenn überhaupt, nur sehr langsam regeneriert. Für die Behandlung von Infektionen im Nervenbereich ist immer ein Antibiotikum erforderlich.

➤ **Homöopathische Behandlung:** Neben den folgenden Mitteln sehen Sie auch unter »Infizierte Wunden« (→ Seite 126) und »Abszess« (→ Seite 127) nach, da Lähmungen auch die Folge von Infektionen sein können; außerdem → Blase, Seite 100f. Borreliose behandeln Sie entsprechend den Symptomen (→ S. 124f. und Rhus toxicodendron, S. 118, Bryonia, Harpagophytum, S. 120)

Arnica *(Arnica montana)*
Ursachen: Folge von Unfall, Schock, Verletzung; frische Zerrung, Prellung; nach Kampf; Überbeanspruchung;

Bluterguss (Hämatom) am Rückenmark oder im Nervengewebe, wodurch der Nerv gequetscht wird
Symptome: Schmerzhaftigkeit, starke Berührungsempfindlichkeit; Lähmungserscheinungen
Verschlimmerung: durch Bewegung, Berührung
➤ Potenz, Dosierung: D4, D6, 3 x 1 Dosis; C30, 1 x 1 Dosis (→ Seite 55)

Hypericum (*Hypericum perforatum*, Johanniskraut)
Ursachen: akute Nervenquetschung (deshalb heißt das Mittel auch »Arnica der Nerven«)
Symptome: schmerzhafte Lahmheit, z.B. Radialislähmung (Lähmung des Nervs, der die Muskulatur des Vorderbeins versorgt) an den Vorderbeinen – es kommt zu unterschiedlichen Lähmungen in diesem Bereich; schießender, plötzlicher Schmerz; bei Nervenquetschung oder Leitungsstörung am Rücken (z.B. Dackellähme) Schmerzen bei bestimmten Bewegungen
Verschlimmerung: durch Feuchtigkeit, Berührung, durch Hinlegen
Besserung: durch Hinsetzen
➤ Potenz, Dosierung: D6, 3 x 1 Dosis (→ Seite 55)

Nux vomica (*Strychnos nux-vomica*, Brechnuss)
Dies ist häufig das Mittel der ersten Wahl bei Dackellähme.
Ursachen: Verspannungen mit Nerveneinengung; Erkrankung des Rückenmarks
Symptome: aufgekrümmter Rücken, stark verspannte Muskulatur; verspannter und harter Bauch; spastische Lähmung der Hinterbeine, die Beine werden nach vorn unter den Bauch geschoben und sind steif

➤ **Achtung:** Bei dieser Symptomatik können auch

Plötzliche ruckartige Bewegungen wie beim Bällchenfangen müssen bei Wirbelsäulenproblemen unterbleiben.

Darm und Blase gelähmt sein. Dann müssen Sie unbedingt einen Tierarzt aufsuchen.

Verschlimmerung: durch Berührung

➤ Potenz, Dosierung: D6, am ersten Tag alle 2 Stunden 1 Dosis, dann sollte eine Besserung eingetreten sein; danach 3 x 1 Dosis (→ Seite 55)

Plumbum metallicum (metallisches Blei)

Ursachen: Folge eines Traumas oder degenerativ (→ Glossar, Seite 241) bedingt, z. B. Bandscheibenverschleiß, Leitungsstörung im Rückenmark

Symptome: schlaffe Lähmung, wobei die Hinterbeine hinterhergezogen werden, oder der Hund kann nur noch wackelig laufen; verliert evtl. ab und zu etwas Kot oder Urin

Verschlimmerung: nachts, durch Kälte, Bewegung

Besserung: durch Strecken der Gliedmaße, festen Druck, durch Wärme

➤ Potenz, Dosierung: D8, 2 x 1 Dosis (→ Seite 55)

➤ **Besonderheit:** Das Mittel wirkt langsam, geben Sie es daher mehrere Wochen lang; auf Blasen- und Darmlähmung achten, der Hund setzt dann keinen Kot und Urin ab; dann müssen Sie den Hund dem Tierarzt vorstellen.

Strychninum nitricum (Strychninnitrat)

Ursachen: Schädigung des Rückenmarks

Symptome: Hund läuft steif, wackelig, fällt hin und wieder um; schleift die Füße, d. h., er hebt sie beim Gehen nicht ausreichend hoch; Rücken ist stark verspannt; hat evtl. Probleme beim Urin- und Kotabsatz

Verschlimmerung: durch Berührung

➤ Potenz, Dosierung: D6, 3 x 1 Dosis (→ Seite 55) nach Bedarf (→ Seite 167), evtl. Dauertherapie (→ Seite 36)

Zincum metallicum (Zink)

Ursachen: eingeklemmter Nerv, z. B. Ischiasnerv; Erkrankung des Rückenmarks

Symptome: Hund kommt nicht hoch, läuft sich dann ein (wie Rhus toxicodendron); Beine zittern

➤ Potenz, Dosierung: D6, 3 x 1 Dosis (→ Seite 55) nach Bedarf; empirische Erfahrung (→ Seite 241): Mittel ausprobieren, wenn Rhus toxicodendron, Strontium carbonicum oder Harpagophytum nicht helfen.

Erkrankungen der Haut

Hauterkrankungen können primär oder sekundär sein. Bei primären Hauterkrankungen handelt es sich um direkte Folgen von Verletzungen, Insektenstichen, Tumoren oder Reaktionen auf lokale Reize oder um selbstständige Hauterkrankungen wie Ekzeme. Sekundäre Hauterkrankungen sind Folge innerer Erkrankungen wie Nieren- oder Lebererkrankungen, Allergien, Autoimmunerkrankungen, Hormonstörungen usw. Intensives Kratzen oder Lecken kann auch psychische Ursachen haben, aber auch durch Schmerzen beispielsweise aus dem orthopädischen Bereich bedingt sein, also z. B. bei Arthrose, Arthritis oder Verspannungen. Bei diesen sekundären Erkrankungen muss zusätzlich zur Haut die Grunderkrankung behandelt werden, oder es ist ein Konstitutionsmittel (→ Seite 23, 166 bis 188) erforderlich. Häufig treten Hautprobleme bei Arsenicum-album-, Calcium-carbonicum-, Lycopodium-, Natrium-chloratum- und Sulfur-Konstitutionen auf. Die Fütterung sollte immer überprüft werden.
Im Folgenden werden häufige Hauterkrankungen beschrieben.
→ auch »Unfall mit frischen Wunden«, Seite 133

Infizierte Wunden, Ekzeme, Hot Spot

Unter Hot Spot versteht man ein akutes, nässendes Ekzem, welches vor allem bei Hunden mit dichtem Fell – häufig an heißen Tagen oder beim Fellwechsel – oder auch in Falten durch Lecken und/oder Kratzen oder Sekretfluss entsteht.
Ursachen: Infektion (Bakterien, Pilze)
Begleitbehandlung: Die Stelle müssen Sie reinigen. Dazu schneiden Sie zuerst die Haare weg. Dann reinigen Sie sie mit Calendula-Tinktur (5 bis 10 Tropfen mit 1 bis 2 EL Wasser verdünnen, auf einen Stofftupfer geben) oder einer Desinfektionslösung vom Tierarzt. Hindern Sie den Hund am Lecken und Kratzen der Wunde (→ Info Seite 131). Beseitigen Sie Ursachen, etwa Flöhe.

➤ **Homöopathische Behandlung:**
Calendula (*Calendula officinalis*, Ringelblume)
Symptome: ältere, schlecht heilende Wunde; evtl. gelbliche Haut; wenig grünlicher Eiter
Verschlimmerung: bei feuchtem Wetter, durch Kälte
➤ Potenz, Dosierung: D2, 3 x 1 Dosis (→ Seite 55)
Hepar sulfuris (Kalkschwefelleber, Hahnemanns Calciumsulfid)
Symptome: akute Eiterung; starke Schmerzhaftigkeit, große Berührungsempfindlichkeit; Geruch nach altem Käse; eitrig-grünliches oder wässriges Sekret
Verschlimmerung: durch trockene Kälte, Berührung, morgens
Besserung: durch Wärme, feuchtes Wetter
➤ Potenz, Dosierung: D8, 2 bis 3 x 1 Dosis (→ Seite 55)
➤ **Besonderheit:** Meist tritt die Heilung nach zwei bis drei Tagen ein; ansonsten müssen Sie ein Folgemittel wählen.
Mercurius solubilis Hahnemanni (Quecksilber nach Hahnemann)
Symptome: gerötete Haut; Geschwüre, helle, dünnflüssige, wund machende Beläge mit unangenehmem Geruch; die Veränderungen sind schmerzhaft
Verschlimmerung: durch Wärme, Berührung
➤ Potenz, Dosierung: D8, 2 x 1 Dosis (→ Seite 55)
Hat der Hund Fieber, → auch Fiebermittel, Seite 146
➤ **Hinweis:** Die genannten Mittel können auch bei Lefzenekzem, Zwischenzehenekzem und Analdrüsenentzündung hilfreich sein.

Abszess

Ein Abszess ist eine lokale Reaktion des Körpers auf einen eitrigen Entzündungsprozess, etwa nach einer Bissverletzung oder nach einer Analdrüsenentzündung (Analdrüsenabszess). Der Entzündungsherd wird vom umgebenden Gewebe abgegrenzt und damit vom Körper abgekapselt. Am Entzündungsherd bildet sich zunächst eine meist rötliche Schwellung, die dann prallelastisch wird. Ist der Abszess »reif« geworden, öffnet er sich und entlässt den darin gebildeten Eiter nach außen. Löst sich die den Eiter umschließende Bindegewebskapsel nicht auf, besteht die Gefahr eines Rückfalls.

Wann zum Tierarzt? Abszesse, die zu Beschwerden führen, weil sie zu dick sind oder an Stellen liegen, wo sie hinderlich sind oder starke Schmerzen verursachen, müssen, bevor sie reif geworden sind, geöffnet werden. Suchen Sie in jedem Fall einen Tierarzt auf, da manche Abszesse auch mit Sepsis (= Blutvergiftung) und Fieber einhergehen.

Begleitbehandlung: evtl. Spülungen nach tierärztlicher Anweisung; Abszessöffnung zu Beginn offen halten, damit das Sekret abfließen kann

➤ **Homöopathische Behandlung:** Neben den genannten Mitteln können Sie auch bei den Mitteln unter »Fieber« (→ Seite 146) sowie »Infizierte Wunden« (→ Seite 126) nachsehen.

Myristica (*Myristica sebifera*, Rindensaft eines südamerikanischen Baums)
Dieses Arzneimittel wird aus Erfahrung bei Abszessen angewandt. Befindet sich der Abszess im Anfangsstadium (leichte Schwellung, nur leichte Schmerzhaftigkeit), kann Myristica die Rückbildung und den Abtransport (Resorption) des entzündeten Gewebes und des sich bildenden Sekrets fördern. Ist der Abszess zu weit fortgeschritten, fördert das Mittel die Eröffnung des Abszesses (homöopathisches Messer).
➤ Potenz, Dosierung: D6, 3 x 1 Dosis, meist 1 Woche lang (→ Seite 55)

Silicea (Acidum silicicum, Kieselsäure)
Die Erfahrung hat gezeigt, dass Silicea die Auflösung von bindegewebigen Stukturen (→ Glossar, Seite 240) bewirkt, bei Abszessen die Auflösung der Abszesskapsel. Es fördert auch die Abheilung von schlecht heilenden Wunden mit Fistelneigung (→ Glossar, Seite 242).
Symptome: dünnflüssiges, wund machendes Sekret
Verschlimmerung: durch Kälte und Nässe
➤ Potenz, Dosierung: D6, D12, 2 x 1 Dosis (→ Seite 55) bis zur vollständigen Resorption, was Wochen dauern kann

Allergische Reaktionen (örtlich begrenzt)

Ursachen: Kontakt mit chemischen, pflanzlichen oder tierischen Stoffen

Begleitbehandlung: Unterstützend können Sie Ihrem Hund bei allergischen Reaktionen Kalzium geben, entweder als Präparat von Ihrem Tierarzt oder in Form von Quark verfüttern. Außerdem sollten Sie die Allergene meiden oder entfernen.

➤ **Homöopathische Behandlung:** Für die Behandlung allergischer Reaktionen sehen Sie bitte auch im Kapitel »Erste Hilfe« unter Insektenstiche (→ Seite 142) und Verbrennungen (→ Seite 139) bei den Mitteln Apis, Staphisagria und Cantharis nach. Ansonsten kommen noch folgende Mittel infrage:

Cardiospermum (*Cardiospermum halicacabum*, Herzsame)

Empirische Erfahrung (→ Glossar, Seite 241): Das Mittel reduziert Juckreiz bei Flohstichallergie und kann statt Kortison eingesetzt werden.

➤ Potenz, Dosierung: D3, 3 x 1 Dosis (→ Seite 55), meist 1 bis 2 Wochen lang; zusätzlich muss der Flohbefall bekämpft werden

Urtica urens (Brennnessel)

Ursachen: Kontaktallergie

Symptome: Rötungen der Haut und kleine, stark juckende, leicht schmerzhafte Bläschen, »wie von Brennnesseln«

➤ Potenz, Dosierung: D4, 3 x 1 Dosis (→ Seite 55), heilt meist nach 1 bis 3 Tagen wieder ab

---

TIPP

Die Wundheilung unterstützen

Tragen Sie auf nässende Wunden und Abszesse nie Puder auf, da die Wunden sonst verkrusten und sich die Entzündung unter der Kruste weiter ausbreitet. Daher sollten Sie auch verklebende Haare abschneiden. Viele Salben dichten die Wunden ebenfalls so sehr ab, dass die Wundheilung behindert wird. Am besten sind wässrige Lösungen geeignet.

Rhus toxicodendron (Giftsumach)
Ursachen: Kontaktallergie
Symptome: starker Juckreiz, Rötung; Bläschen, die auch
nässen oder eitern können
Verschlimmerung: durch Kälte und Nässe
➤ Potenz, Dosierung: D6, 2 x 1 Dosis; D12, 1 x 1 Dosis
(→ Seite 55); mindestens eine Woche geben; die Dauer
der Abheilung variiert von Hund zu Hund und kann
länger dauern

Pollens (Pollantinum, Süßgräserpollen von *Dactylis
glomerata*)
Empirische Erfahrung (→ Glossar, Seite 241): Kann bei
Allergien auf Gräserpollen bei Hautjucken angewandt
werden. Die Symptome treten eher saisonal auf.
➤ Potenz, Dosierung: D12, 1 x 1 Dosis (→ Seite 55)

Lederohren, Ohrrandekzem, Nasenspiegelveränderungen

Ursachen: bei Lederohren und Nasenspiegel unbekannt,
möglicherweise hormonell gesteuert; beim Ohrrandekzem evtl. Durchblutungsstörungen oder Sarkoptes-
milben, aber auch Allergien, Pilze etc.
Symptome: Lederohren – die Behaarung des äußeren
Ohres ist spärlich oder nicht vorhanden; häufig beim
Teckel. Ohrrandekzem – kleine Verletzungen am Ohr-
rand, die nicht heilen. Nasenspiegel – rissig und trocken;
seine Farbe ändert sich (meist von dunkel zu hell).
Wann zum Tierarzt? immer, da auch andere Erkrankungen wie Schilddrüsenunterfunktion (Hypothyreose)
als Ursache infrage kommen können
➤ **Homöopathische Behandlung:** Am besten wirkt das
Konstitutionsmittel, ansonsten versuchsweise:
Silicea (Acidum silicicum, Kieselsäure)
Silicea fördert die Regeneration von Bindegewebe sowie
die Versorgung desselben mit Nährstoffen; es unterstützt
die Abstoßung von entzündetem Gewebe.
➤ Potenz, Dosierung: D6, 2 x 1 Dosis (→ Seite 55), mindestens 4 bis 8 Wochen; wenn dann keine Besserung
eintritt, das Mittel absetzen

Haarwechselstörungen

Ursachen: Folge von anderen Erkrankungen, Medikamenten, Hormonstörungen; Fütterungsfehler; Mangel an Vitaminen, essenziellen Fettsäuren; zu trockene Luft
Allgemeine Symptome: kahle Stellen, Haarausfall, Haare sind verfilzt und stumpf, Unterwolle geht nicht aus
Wann zum Tierarzt? immer, um Ursachen festzustellen
Begleitbehandlung: Fütterungsfehler beheben, Mängel (→ oben) durch gezielte Zufütterung beseitigen
➤ **Homöopathische Behandlung:** Je nach Ursache sehen Sie auch bei den entsprechenden Organsystemen nach; außerdem unter Ausleitungsmittel (→ Seite 132), Hormonstörungen bei der Hündin: Sepia (→ Seite 184), Pulsatilla (→ Seite 182). Ansonsten kann helfen:
Sulfur (Schwefel)
Ursachen: Futtermittelbelastung; Medikamentenbelastung; Stoffwechselstörungen, Ausscheidungsstörungen
Symptome: Haut- und Haarveränderungen wie Haarausfall, Schuppen, fettige Haare; Juckreiz; Ekzeme möglich; Unterwolle geht insbesondere beim Schäferhund vor allem im Becken- und Schwanzbereich während des Haarwechsels nicht von selbst aus; Durchfall
Verschlimmerung: bei Wärme
➤ Potenz, Dosierung: D6, 2 x 1 Dosis; D12, 1 bis 2 x 1 Dosis für 1 bis 2 Wochen (→ Seite 55)

INFO

Am Lecken und Kratzen hindern
Bei Verletzungen, nach Operationen oder an Ekzemen sollte der Hund nicht lecken, da er dadurch die Heilung behindert, zunächst durch die mechanische Reizung, aber auch durch die Feuchtigkeit des Speichels sowie die im Speichel vorhandenen Keime. Auch kratzen sollte er nicht. Neben der Halskrause vom Tierarzt können Sie ihm über die Pfoten eine Socke oder luftdurchlässige Überschuhe ziehen. Am Körper sind T-Shirts, Hemden, Bodys, Strampelanzüge oder Unterhosen möglich.

Ausleitungsmittel

Ausleitungsmittel, auch Dränagemittel genannt, werden zur Entlastung von Leber, Nieren und Haut eingesetzt. Man wendet sie an bei Futterumstellungen und Futterunverträglichkeiten, vor allem bei Hautveränderungen, sowie nach Antibiotika- oder Kortisongaben.

➤ **Homöopathische Behandlung:**

➤ bei Belastung der Nieren: Berberis (→ Seite 97, 192) und Solidago (→ Seite 98, 202)

➤ bei Leberbelastung: Solidago (→ Seite 91, 202) und Carduus marianus (→ Seite 90)

➤ nach Vergiftungen, Chemotherapie, Futterunverträglichkeiten oder Problemen nach dem Auftragen von Floh- und Zeckenmitteln: Okoubaka (→ Seite 151)

➤ bei Erkrankungen, die trotz gut gewählter homöopathischer Medikamente nicht besser werden, oder wenn eine Heilung ins Stocken gerät:

Sulfur (Schwefel)

Ursachen: Futtermittel- und Medikamentenbelastung; Stoffwechsel-, Ausscheidungsstörungen

Symptome: Haut-, Haarveränderungen wie Haarausfall, Schuppen, fettige Haare; Juckreiz; Ekzeme möglich; Durchfall

Verschlimmerung: bei Wärme

➤ **Achtung:** Nicht bei akuten oder stark juckenden Hauterkrankungen anwenden; absetzen, wenn sich die Symptome verschlimmern.

➤ Potenz, Dosierung: D6, 2 x 1 Dosis; D12, 1 bis 2 x 1 Dosis für 1 bis 2 Wochen (→ Seite 55)

INFO

Kortison

Kortison hat bei bestimmten Erkrankungen wie Allergien seine Berechtigung. Wollen Sie es durch eine homöopathische Therapie ersetzen, wenden Sie sich bitte an einen Homöopathen. Falls Ihr Hund länger als zwei Wochen Kortison bekommt oder mit Depot-Kortison behandelt wird, darf es nicht plötzlich abgesetzt werden! Die Dosis muss schrittweise reduziert werden!

Erste Hilfe bei akuten Notfällen

Im Folgenden werden akute Notfälle beschrieben, bei denen Sie Erste Hilfe leisten können, die aber dann vom Tierarzt weiterversorgt werden müssen. Rufen Sie in allen Fällen Ihren Tierarzt an, damit sich dieser schon auf Ihr Kommen einstellen und bei Bedarf Vorbereitungen treffen kann, beispielsweise eine Infusion vorbereiten. Gleichzeitig wissen Sie dann auch, ob er überhaupt anwesend ist. Außerhalb der Geschäftszeiten rufen Sie notfalls auch einen anderen Tierarzt oder den Tiernotruf an! Neben Ihren persönlichen Notfall-Telefonnummern sollten Sie auch immer entsprechende Telefonnummern für den Hund griffbereit haben.

➤ **Achtung:** Bei Schmerzen kann auch der liebste Hund beißen! Fassen Sie ihn im Zweifelsfall dann nur mit Handschuhen an! Wenn möglich und falls nötig, setzen Sie ihm einen Maulkorb (→ Info Seite 55) auf.

Unfall mit Bewusstlosigkeit

Ist Ihr Hund nach einem Unfall bewusstlos, kontrollieren Sie die Atmung. Sollten sich Fremdkörper wie Knochen im Maul befinden, entfernen Sie diese; dazu ziehen Sie die Zunge heraus. Wenn Ihr Hund nicht mehr atmet, müssen Sie ihn künstlich beatmen (lassen Sie sich dies rechtzeitig vom Tierarzt zeigen). Starke Blutungen verbinden Sie mit einem Druckverband (→ Seite 134). Falls Sie befürchten, dass die Wirbelsäule verletzt ist, transportieren Sie den Hund auf einer festen Unterlage, z. B. einem Brett. Wenn Sie noch Zeit haben, geben Sie ihm 1 Dosis Arnica C30 (→ Seite 55) auf die Maulschleimhaut. Dann fahren Sie zum Tierarzt.

Unfall mit akuten Blutungen und frischen Wunden

Hat Ihr Hund nach einer Verletzung starke Blutungen, müssen Sie Ruhe bewahren. Ihre Hektik würde sich auf das Tier übertragen, es lässt sich dann nicht untersuchen. Setzen Sie den Hund zuerst auf einen hellen Platz und versorgen Sie die Blutung. Blutet die Wunde sehr stark, müssen Sie einen Druckverband anlegen. Legen Sie zunächst eine Mullkompresse auf die Wunde, auf keinen Fall Papier oder Watte! Dann wickeln Sie einen Verband (alternativ ein Tuch, eine Socke) fest darum. Auch weniger stark blutende Wunden sollten Sie verbinden, den Verband aber nicht so fest anziehen wie beim Druckverband, weil Sie sonst die Durchblutung behindern. Dann ziehen Sie die Oberlippe hoch und prüfen die Farbe des Zahnfleisches. Danach überprüfen Sie die Rekapillarisation (→ Glossar, Seite 244), indem Sie dazu mit einem Finger kurz auf das Zahnfleisch drücken und die Zeit bestimmen, innerhalb der die inzwischen blutleere Druckstelle wieder die Ausgangsfarbe angenommen hat. Je nach Schleimhautfarbe und Dauer der Rekapillarisation gehen Sie wie folgt vor:

➤ **Fall 1:** Der Hund blutet stark, und das Zahnfleisch ist blass, die Rekapillarisation dauert zwei Sekunden oder länger. Legen Sie einen Druckverband an, geben Sie Ihrem Hund 1 Dosis Arnica C30 (→ Seite 55) gegen den Schock und fahren Sie sofort zum Tierarzt.

➤ **Fall 2:** Der Hund blutet stark, und das Zahnfleisch ist hellrosa, aber nicht dunkelrot, die Rekapillarisation dauert weniger als zwei Sekunden. Legen Sie einen Druckverband an, geben Sie dem Hund 1 Dosis Arnica C30 als Traumamittel und fahren Sie schnellstens zum Tierarzt.

➤ **Fall 3:** Der Hund blutet schwach, und das Zahnfleisch ist blass, die Rekapillarisation dauert zwei Sekunden oder länger. Geben Sie Ihrem Hund 1 Dosis Arnica C30 gegen den Schock und fahren Sie sofort zum Tierarzt.

➤ **Fall 4:** Der Hund blutet schwach, und das Zahnfleisch ist hellrosa, aber nicht dunkelrot, die Rekapillarisation dauert weniger als zwei Sekunden. Inspizieren Sie möglichst genau die blutende Wunde. Verklebte Haare entfernen Sie vorsichtig mit einer Schere. Reinigen Sie die Wunde mit Arnica-Tinktur (5 bis 10 Tropfen in einem Glas mit 1 bis 2 EL Wasser verdünnen, mit einem Stofftupfer auftragen) oder mit einem Desinfektionsmittel vom Tierarzt. Legen Sie bei Bedarf einen Verband an und hindern Sie den Hund z. B. mit einer Halskrause oder einer Socke am Lecken (→ Info Seite 131). Suchen Sie möglichst bald Ihren Tierarzt auf.

Verletzungen, die größer als 1 cm sind, müssen Sie auf jeden Fall Ihrem Tierarzt zeigen, denn sie sollten möglichst genäht oder geklammert werden.

➤ **Tipp:** Prägen Sie sich die Farbe der Schleimhäute Ihres Hundes in gesundem Zustand ein. Vor allem rothaarige, blonde und weiße Hunde können auch in gesundem Zustand recht helle Schleimhäute haben.

➤ **Homöopathische Behandlung:**

Arnica *(Arnica montana)*
Ursachen: Unfall, Schock, Verletzung, Blutverlust
Symptome: Schmerzhaftigkeit, starke Berührungsempfindlichkeit; Schwäche; Blässe
Verschlimmerung: durch Bewegung, Berührung
➤ Potenz, Dosierung: im akuten Notfall C30, 1 Dosis, dann 1 x 1 Dosis täglich; ansonsten D4, D6, am ersten Tag alle 2 Stunden 1 Dosis, am nächsten Tag dann 3 x 1 Dosis bis zur Heilung (→ Seite 55)

Staphisagria *(Delphinium staphisagria*, Stephanskraut)
Ursachen: Schnittverletzungen
Symptome: starke, unverhältnismäßig erscheinende Schmerzempfindlichkeit, der Hund wehrt sich und/oder schreit beim bloßen Annähern an die Wunde
Verschlimmerung: durch Aufregung, Kälte

INFO

Physiologische Normaldaten des Hundes

Messen Sie die Daten Ihres gesunden Hundes im Ruhezustand.
➤ Körperinnentemperatur: 37,5 bis 39,4 °C (im After)
➤ Puls: große Hunde 70 bis 100, mittlere Hunde 80 bis 130, kleine Hunde 90 bis 160 Schläge pro Minute (zur Bestimmung der Pulsfrequenz die Hand auf das Herz – auf der linken Brustseite, etwas hinter dem Ellenbogen – legen).
➤ Atemfrequenz: 10 bis 30 Atemzüge pro Minute (1 Atemzug entspricht einmal ein- und ausatmen).

➤ Potenz, Dosierung: D6, 2 x 1 Dosis (→ Seite 55) bis zur Besserung der Symptome

Schock

Wann zum Tierarzt? Ein Schock, also ein Kreislaufversagen, kommt immer plötzlich. Suchen Sie dann sofort Ihren Tierarzt auf, bevor der Schock unumkehrbar wird und zum Tod führt!

Ursachen: Es sind verschiedene Ursachen möglich.

➤ Schock durch Trauma (Unfall, Verletzung)

➤ Schock durch Mangel (etwa an Flüssigkeit bei Durchfall, Blutungen, weil der Hund nicht trinkt, durch Hitze)

➤ allergischer Schock

➤ Schock durch Herzversagen

➤ Schock durch Erschrecken (psychogener Schock)

➤ Schock bei hohem Fieber oder Blutvergiftung

Allgemeine Symptome: Ein sicheres Symptom sind blasse Schleimhäute mit einer Rekapillarisation (→ Glossar, Seite 244), die länger als zwei Sekunden dauert. Weitere Symptome sind oft noch kalte Füße, Apathie, Unruhe, schneller Herzschlag, flache oder unregelmäßige Atmung, Bewusstlosigkeit. Auch hochrote Schleimhäute deuten auf einen beginnenden Schock hin.

Begleitbehandlung: Lagern Sie das Hinterteil des Hundes mit einem Kissen etwas höher.

➤ **Homöopathische Behandlung:** Die folgenden Mittel unterstützen die ärztliche Therapie.

Arnica *(Arnica montana)*

Ursachen: Folge von Unfall, Erschrecken, Verletzung, Blutverlust

Symptome: Schmerzhaftig-

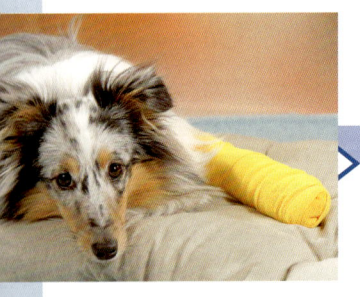

Lassen Sie sich für den Notfall das korrekte Verbinden der Pfoten von Ihrem Tierarzt zeigen und Verbandsmaterial geben.

keit, starke Berührungsempfindlichkeit; Schwäche, Blässe, Bewusstlosigkeit

Verschlimmerung: durch Bewegung, Berührung

➤ Potenz, Dosierung: C30, nur 1 x 1 Dosis (→ Seite 55)

Belladonna (*Atropa belladonna*, Tollkirsche)

Ursachen: Hirntrauma; Infektion; Hitze

Symptome: ist benommen, Pupillen sind geweitet (evtl. unterschiedlich weit); Krämpfe, Augenzittern möglich

Verschlimmerung: durch Berührung, Geräusche

➤ Potenz, Dosierung: D6, alle 30 Minuten 1 Dosis bis zur Besserung; alternativ C30, 1 x 1 Dosis (→ Seite 55) bis zur Besserung, meist einmalig

Veratrum album (Weiße Nieswurz)

Ursachen: Flüssigkeitsverlust durch Durchfall; Herz-Kreislauf-Probleme

Symptome: blasse oder blassblaue, trockene Schleimhäute; schwacher, schneller Puls und Herzschlag; Körper kalt, Untertemperatur (→ Glossar, Seite 245)

Verschlimmerung: durch Wetterwechsel, Hitze

Besserung: durch Wärme, Ruhe

➤ Potenz, Dosierung: D4, 3 x 1 Dosis; C30, 1 x 1 Dosis (→ Seite 55) bis zur Besserung

Carbo vegetabilis (Holzkohle)

Ursachen: Erkrankung, die schon einige Tage besteht, vor allem Durchfall

Symptome: blassbläuliche Schleimhäute; kalter Körper; große Schwäche

Verschlimmerung: durch Wärme nach Zudecken, abends, nachts

Besserung: an frischer Luft

➤ Potenz, Dosierung: D8, alle 2 Stunden 1 Dosis, bei Besserung 3 x 1 Dosis; C30, 1 x 1 Dosis (→ Seite 55)

Für weitere Mittel sehen Sie nach bei Herzerkrankungen (→ Seite 77), allergischen Hautreaktionen (→ Seite 129), Vergiftungen (→ Seite 149), Fieber (→ Seite 146).

Bissverletzungen

Bissverletzungen sind bei Hunden insofern besonders heimtückisch, da man sie oft zuerst nicht bemerkt.

Meistens werden sie durch die spitzen, schmalen Eck-
zähne verursacht. Nach dem Biss schließt sich die Wunde oft schnell wieder. Da Zähne jedoch immer stark ver-
unreinigt sind und die Verletzung kaum blutet, bleiben
Bakterien, Nahrungsreste oder auch Haare in der Wunde zurück und verursachen eine Entzündung des Gewebes. Diese kann sich als Abszess abkapseln (→ Seite
127), es kann allerdings auch zu einer Blutvergiftung
(Sepsis) kommen. Behalten Sie daher auch geringfügige
Verletzungen, insbesondere am Ohr, immer im Auge.
Infektionen am Ohr können wegen der Anatomie leicht
zum Verlust von Teilen der Ohrmuschel führen.
➤ **Homöopathische Behandlung:** Sehen Sie bitte unter
Fieber (→ Seite 146), Abszess (→ Seite 127) oder Infizierte Wunden (→ Seite 126) nach.
Wie Sie Verletzungen versorgen, erfahren Sie auf Seite
133 (Unfall mit akuten Blutungen).

Blutergüsse, Prellungen

Blutergüsse (Hämatome) erkennt man an einer röt-
lichen oder bläulichen Verfärbung der Haut. Sie sind
weich bis hart und unterschiedlich schmerzhaft.
Ursachen: in der Regel stumpfes Trauma (Schlag, Tritt,
Stoß, Sturz, Quetschung etc.), was zum Zerreißen eines
Blutgefäßes und als Folge zu einer Blutung ins umlie-
gende Gewebe führt
➤ **Homöopathische Behandlung:** Mit den folgenden
Mitteln können Sie den Bluterguss auflösen und die
Schmerzen reduzieren.
Arnica *(Arnica montana)*
Ursachen: Folge von Verletzung
Symptome: Schmerzhaftigkeit, starke Berührungsemp-
findlichkeit; Schwäche, Blässe; rötliche oder bläuliche
Verfärbung; weiches Hämatom
Verschlimmerung: durch Bewegung, Berührung
➤ Potenz, Dosierung: D4, D6, 3 x 1 Dosis; C30, 1 x
1 Dosis (→ Seite 55) bis zur Besserung
Hamamelis virginiana (Virginische Zaubernuss)
Symptome: ein bis zwei Tage alter Erguss, dunkelrote

oder bläuliche Haut; Schmerzhaftigkeit, Berührungs-empfindlichkeit, aber weniger als bei einem Hund, der Arnica braucht

Verschlimmerung: durch Wärme, Feuchtigkeit

➤ Potenz, Dosierung: D3, D4, 3 x 1 Dosis (→ Seite 55) bis zur Besserung

Bellis perennis (Gänseblümchen)

Ursachen: nach Verletzung, Quetschung

Symptome: der Hund ist sehr berührungsempfindlich; hartes Hämatom, einige Tage bis Wochen alt, das nicht abheilen will

Verschlimmerung: durch Anstrengung, feuchte Kälte

Besserung: durch Bewegung

➤ Potenz, Dosierung: D4, 3 x 1 Dosis (→ Seite 55) bis zur Besserung

Verbrennungen

Bei Verbrennungen werden in Abhängigkeit vom Aus-maß der Gewebsschädigungen verschiedene Grade unterschieden:

➤ Verbrennung Grad 1: gerötete Haut (wie Sonnen-brand), Schmerzen, keine Blasenbildung

➤ Verbrennung Grad 2a: gerötete Haut, Blasenbildung (Blasengrund rot), Berührungsschmerzen

➤ Verbrennung Grad 2b: Verbrennung bis tief in die Haut, was eine chirurgische Behandlung erfordert, wei-ßer Blasengrund, Haarausfall; keine Schmerzen

➤ Verbrennung Grad 3: schwerste Hautschäden (weiße, trockene Hautfetzen), keine Schmerzempfindung mehr, keine Haare mehr, eventuell Schockzeichen (wie ver-mehrte Schweißneigung, Übelkeit, Schwindel, Blässe)

Sofortmaßnahme: Übergießen Sie verbrannte Stellen mit kaltem Wasser, um sie zu kühlen und dadurch eine Organschädigung zu vermindern. Dazu halten Sie die betroffenen Körperteile für längstens zehn Minuten ent-weder unter fließendes kaltes Wasser, oder Sie tauchen sie in kaltes Wasser. Nach der Kaltwasserbehandlung müssen Sie die Wunden mit einem sterilen Verband ab-decken, um eine Infektion zu vermeiden. Dabei dürfen

Sie auf keinen Fall Salben, Gels, Öl oder Puder auf offene Wunden geben.

Wann zum Tierarzt? Bei Verbrennungen ab Grad 2 sollten Sie immer Ihren Tierarzt aufsuchen.

Begleitbehandlung: Bei Grad 1 können Sie Panthenolsalbe (Apotheke) auf die Haut auftragen.

➤ **Homöopathische Behandlung:** Die Mittel unterstützen die Behandlung.

Arnica *(Arnica montana)*
Ursachen: Schock nach Verbrennung
Symptome: Schmerzhaftigkeit, starke Berührungsempfindlichkeit; Schwäche, Blässe; rötlich verfärbte, weiche Haut
Verschlimmerung: durch Bewegung, Berührung
➤ Potenz, Dosierung: D4, D6, 3 x 1 Dosis; C30, 1 x 1 Dosis (→ Seite 55) bis zur Besserung

Hamamelis virginiana (Virginische Zaubernuss)
Symptome: dunkelrote oder bläuliche Haut; Schmerzhaftigkeit, Berührungsempfindlichkeit, aber weniger als bei einem Hund, der Arnica braucht
Verschlimmerung: durch Wärme, Feuchtigkeit
➤ Potenz, Dosierung: D4, D6, 3 x 1 Dosis (→ Seite 55) bis zur Besserung

Cantharis (*Lytta vesicatoria*, Spanische Fliege)
Symptome: großblasiger Bläschenausschlag, Bläschen brennen, sind schmerzhaft, jucken (später)
➤ Potenz, Dosierung: D4, alle 2 Stunden 1 Dosis, bis Besserung eintritt (meist am ersten Tag), dann 3 x 1 Dosis (→ Seite 55)

Apis (*Apis mellifica*, Honigbiene)
Symptome: hellrote, weiche Schwellung »wie von einem Bienenstich«, Blasenbildung (klein, blass, rot); Schmerzhaftigkeit, Berührungsempfindlichkeit
Verschlimmerung: durch Wärme
Besserung: durch Kälte
➤ Potenz, Dosierung: D4, D6, direkt nach der Verbrennung alle 30 Minuten 1 Dosis über 1 bis 2 Stunden, danach 3 x 1 Dosis; D30, direkt nach der Verbrennung 2 x im Abstand von 1 Stunde 1 Dosis, sonst 1 x 1 Dosis für 2 bis 3 Tage (→ Seite 55)

Gehirnerschütterung (Commotio cerebri)

Die Gehirnerschütterung ist die leichteste Form eines Schädel-Hirn-Traumas und heilt normalerweise folgenlos aus. Bei einer Gehirnerschütterung können äußerliche Wunden oder Schwellungen zu sehen sein, häufig jedoch nicht. Fehlen äußerliche Verletzungen, sollte dies aber nicht darüber hinwegtäuschen, dass eine Gehirnerschütterung oder eine schwerwiegendere Verletzung des Gehirns vorliegen kann.

Ursachen: Folge einer stumpfen Gewalteinwirkung auf den Kopf, hervorgerufen z. B. durch einen Sturz, Schlag oder Zusammenprall

Allgemeine Symptome: Die stumpfe Gewalteinwirkung kann zur Bewusstlosigkeit führen. Diese hält oft nur wenige Sekunden bis maximal fünf Stunden an. Die Dauer der Bewusstlosigkeit kann als Gradmesser für die Schwere der Gehirnerschütterung gesehen werden. Je länger der Hund bewusstlos ist, desto schwerer ist die Gehirnerschütterung.

Wann zum Tierarzt? Sollte Ihr Hund als Folge eines Traumas bewusstlos sein, erbrechen oder taumeln, suchen Sie umgehend einen Tierarzt auf (→ Seite 133).

Begleitbehandlung: Ihr Hund sollte sich nach jeder Gehirnerschütterung in jedem Fall möglichst wenig bewegen.

➤ **Homöopathische Behandlung:**

Arnica *(Arnica montana)*
Ursachen: Folge von Verletzung
Symptome: Schmerzhaftigkeit, starke Berührungsempfindlichkeit; Schwäche, Blässe
Verschlimmerung: durch Bewegung, Berührung
➤ Potenz, Dosierung: C30, 1 x 1 Dosis (→ Seite 55)
meist über 3 bis 4 Tage bis zu 1 Woche

Hypericum *(Hypericum perforatum,* Johanniskraut)
Ursachen: akute Gehirnquetschung
Symptome: hochgradige Schmerzhaftigkeit; Erbrechen
Verschlimmerung: durch Kälte, Bewegung
➤ Potenz, Dosierung: D6, stündlich 1 Dosis bis zur Besserung (meist 1 Tag), danach 3 x 1 Dosis (→ Seite 55)

Insektenstiche

Bei Insektenstichen handelt es sich meist um Wespen- oder Bienenstiche; auch Zeckenbisse zählen dazu.

Wann zum Tierarzt? Erfolgte der Bienen- oder Wespenstich im Maul- und Halsbereich, geben Sie das entsprechende Arzneimittel und suchen sofort Ihren Tierarzt auf, da die Atemwege zuschwellen können und der Hund dadurch ersticken kann. Sollte die Schwellung an anderer Stelle zu stark werden oder Symptome eines Schocks (Zittern, Blässe der Schleimhäute, Taumeln, Bewusstlosigkeit) oder Fieber, Mattigkeit oder Erbrechen auftreten, fahren Sie ebenfalls zum Tierarzt.

➤ **Homöopathische Behandlung:** Befinden sich die Stiche nicht im Maul- und Halsbereich, sondern an anderen Stellen, geben Sie das zur Symptomatik passende Mittel und kühlen Sie die Stichstelle (→ Tipp Seite 145).

➤ **Wichtig:** Zeckenbisse können mit den folgenden Arzneimitteln nur im Anfangsstadium behandelt werden. Entwickeln sich Abszesse (→ Seite 127) oder eiternde Prozesse (→ Seite 127), dann sehen Sie bitte in den entsprechenden Kapiteln nach. Treten Fieber oder Störungen des Allgemeinbefindens, wie Müdigkeit, Appetitlosigkeit oder auch Lahmheiten (Borreliose, → Glossar Seite 241) auf, suchen Sie Ihren Tierarzt auf.

Ledum (*Ledum pallustre*, Sumpfporst)

Ledum ist häufig das Mittel der Wahl bei Zeckenbissen.

Symptome: kleine Hautveränderung, die eher bläulich, fest, nicht sehr schmerzhaft, nicht eitrig ist; keine erhöhte lokale Wärme

Besserung: durch Kälte

➤ Potenz, Dosierung: D4, 2 bis 3 x 1 Dosis (→ Seite 55) bis zur Besserung

Apis (*Apis mellifica*, Honigbiene)

Symptome: allergische oder entzündliche Hautreaktion als hellrote, weiche Schwellung »wie von einem Bienenstich«, Blasenbildung; Schmerzhaftigkeit, Berührungsempfindlichkeit

Besserung: durch kühle Umschläge

➤ Potenz, Dosierung: D4, D6, direkt nach dem Stich alle

30 Minuten 1 bis 2 Stunden lang 1 Dosis (→ Seite 55), dann 3 x 1 Dosis täglich bis zum Verschwinden der Symptome

Staphisagria (*Delphinium staphisagria*, Stephanskraut) Symptome: gerötete, geschwollene, stark juckende Stelle; starke, unverhältnismäßig erscheinende Schmerzempfindlichkeit, der Hund wehrt sich und/ oder beißt beim bloßen Annähern an die Wunde Verschlimmerung: durch Aufregung, Kälte, Kratzen
➤ Potenz, Dosierung:

Vor allem Welpen schnappen gern nach Insekten und sind deshalb besonders gefährdet, ins Maul gestochen zu werden.

D6, 2 x 1 Dosis (→ Seite 55) bis zur Besserung

Epilepsie

Üblicherweise dauern epileptische Anfälle eine bis fünf Minuten. Sind es länger als fünf Minuten, fahren Sie sofort zum Tierarzt, um dem Hund ein Mittel gegen die Krämpfe geben zu lassen. Hören diese nämlich nicht auf, kann Ihr Hund durch Herz-Kreislauf-Überlastung sterben. Dauert der Anfall kürzer als fünf Minuten, ist das Zuschauen für Sie als Besitzer oft schlimmer als der Anfall für den Hund selbst. Bewahren Sie daher Ruhe. Achten Sie darauf, dass Ihr Hund während des Anfalls nirgendwo herunterfallen kann. Falls er sich dennoch irgendwo angestoßen oder verletzt hat, lesen Sie im Kapitel »Unfall mit akuten Blutungen« (→ Seite 133) nach. Nach einem kurzen Anfall erholen sich die Tiere meistens recht schnell, sind aber noch etwas müde.
Ursachen: Nur ein Teil der sogenannten epileptischen Anfälle sind »echte« Anfälle (→ Glossar, Seite 241). Weitere Ursachen für epileptiforme (epilepsieähnliche) Anfälle (→ Glossar, Seite 241) sind Kreislauf- oder

Herzprobleme, Lebererkrankungen, Nierenerkrankungen, Unterzuckerung/Diabetes, Störungen im Elektrolythaushalt, Schilddrüsenerkrankungen, Veränderungen im Gehirn (z. B. Tumoren, Zysten, Durchblutungsstörungen, Narben), Allergien (→ Glossar, Seite 240), Vergiftungen, Eklampsie (→ Glossar, Seite 241), Hormonstörungen bei Hündinnen.

Allgemeine Symptome: Epileptische Anfälle äußern sich in Krämpfen und Zuckungen sowohl des ganzen Hundes als auch einzelner Körperteile. Der Hund kann ansprechbar oder auch bewusstlos sein. Weiterhin kann er schreien, Schaum vor dem Maul haben sowie Kot und Urin absetzen.

Wann zum Tierarzt? Suchen Sie in jedem Fall Ihren Tierarzt auf, um die Ursache abklären zu lassen.

Im Einzelfall muss mit dem Tierarzt abgesprochen werden, ob und welche Therapie eingeleitet wird. Bei einer Anfallhäufigkeit von seltener als einmal pro Woche wird man wegen der Nebenwirkungen eher kein schulmedizinisches Mittel geben.

➤ **Homöopathische Behandlung:** Homöopathika wird man einsetzen, wenn die Anfälle selten auftreten; sie sind auch sinnvoll, wenn Ihr Hund schulmedizinische Medikamente nicht verträgt oder wegen anderer Erkrankungen (z. B. Leber) nicht nehmen darf. Die ergänzende Gabe von homöopathischen Mitteln kann manchmal auch die Dosis des erforderlichen schulmedizinischen Mittels reduzieren. Am besten wirken dabei Konstitutionsmittel (→ Seite 23, 166), die jedoch von einem erfahrenen Homöopathen nach einer Anamnese verordnet werden sollten.

Im akuten Notfall oder für seltene Einzelanfälle können Sie eines der folgenden Mittel einsetzen. Die Reihenfolge entspricht der Häufigkeit der Anwendung aufgrund eigener Erfahrung:

Belladonna (*Atropa belladonna*, Tollkirsche)
Symptome: Hund liegt auf der Seite; Zuckungen des ganzen Hundes oder einzelner Körperteile, Beine sind zum Teil auch steif; Schaum vor dem Maul; Kot- und Harnabsatz; Augen sind geweitet

Verschlimmerung: durch Berührung, Geräusche
➤ Potenz, Dosierung: Während des Anfalls D6 1 x 1 Dosis; im Abstand von 30 Minuten wiederholen, wenn der Anfall länger dauert und Sie nicht schnell genug zum Tierarzt kommen, bzw. unterstützend zur schulmedizinischen Medikation; um einem neuen Anfall vorzubeugen: D6, 3 x 1 Dosis, zunächst nicht länger als 14 Tage; alternativ zu D6 nach dem Anfall D30 oder C30, 1 x 1 Dosis (→ Seite 55)

Cuprum aceticum, **Cuprum metallicum** (Kupferacetat, metallisches Kupfer)
Symptome: der Hund schreit zu Beginn der Krämpfe; die Krämpfe breiten sich an den Füßen beginnend von dort aus; Anfälle aus dem Schlaf heraus; Schaum vor dem Maul; die Anfälle treten oft in regelmäßigen Abständen auf; die Füße sind kalt
Verschlimmerung: bei Neumond
➤ Potenz, Dosierung: D6, 2 bis 3 x 1 Dosis (→ Seite 55)

Hyoscyamus (*Hyoscyamus niger*, Bilsenkraut)
Ursachen: oft Schreck
Symptome: plötzlich, oft mehrmals hintereinander auftretende, kurze Krämpfe, zu Beginn der Krämpfe schreit der Hund oft; Schaum vor dem Maul; Kot- und Harnabsatz
➤ Potenz, Dosierung: D30, 1 x 1 Dosis über 2 bis 3 Tage (→ Seite 55)

TIPP

Kühlen von Entzündungen oder Insektenstichen
Kühlen Sie Entzündungen, Insektenstiche oder Blutergüsse nicht zu stark, da dann die Blutzirkulation stark vermindert wird und das gekühlte Gewebe absterben kann:
➤ Kühlpack, Kühlakku oder Eiswürfel aus dem Gefrierfach; vor dem Auflegen in ein Handtuch einwickeln
➤ Umschlag mit sehr kaltem Wasser
➤ Quarkwickel: Quark aus dem Kühlschrank zwischen zwei Tücher packen und auflegen, bis der Quark warm geworden ist

Elektrischer Schlag

➤ **Sofortmaßnahme:** Strom abstellen; Hund nur mit Gummihandschuhen anfassen, damit Sie isoliert sind und nicht selbst einen Schlag bekommen; dann künstliche Beatmung oder Herzmassage, falls erforderlich. Fahren Sie sofort zum Tierarzt.

→ Schock, Seite 136

Ertrinken

Sie müssen sofort das Wasser aus der Lunge entfernen, indem Sie kleinere Hunde an den Oberschenkeln der Hinterbeine nehmen, kopfüber hochhalten; größere Hunde sollten Sie zumindest schräg halten, um durch Klopfen des Brustkorbs das Wasser zu entfernen; evtl. künstlich beatmen. Fahren Sie sofort zum Tierarzt.

→ Schock, Seite 136

Erfrierungen/Unterkühlung

Gefährdet sind äußere Körperteile wie Füße, Ohren oder Schwanz. Hüllen Sie das ganze Tier in warme Tücher, tauchen Sie die Füße vorsichtig in körperwarmes Wasser, den Rest der Extremitäten behandeln Sie mit warmen Umschlägen, bis alles wieder erwärmt ist. Wenn das Aussehen wieder normal ist, reiben Sie die betroffenen Körperteile mit fetthaltiger Creme ein. Im Zweifelsfall oder wenn die Durchblutung nicht wiederkommt, fahren Sie zum Tierarzt.

→ Mittel für Schock, Seite 136

Fieber bei Infektionen

Bei Fieber handelt es sich um eine natürliche Reaktion des Körpers auf eine Infektion mit Viren oder Bakterien, wie bei einer Lungenentzündung oder Blutvergiftung. Fieber ist zusammen mit anderen Allgemeinsymptomen wie Schwäche und Appetitlosigkeit das erste Zeichen einer Erkrankung. Gibt man das genau passende

Arzneimittel zum passenden Zeitpunkt, kann es sein, dass der Hund danach geheilt ist und keine weiteren Mittel benötigt. Andernfalls wird sich die Symptomatik ändern, und es muss ein neues Arzneimittel nach der Ähnlichkeitsregel gefunden werden.

Wann zum Tierarzt? Bei Fieber über 39,8 °C, Störungen des Allgemeinbefindens (etwa Erbrechen, Durchfall, Schwäche oder Schocksymptome); wenn der Hund nichts frisst oder das Fieber nach ein bis zwei Tagen nicht gesunken ist

➤ **Homöopathische Behandlung:** Homöopathische Fiebermittel werden oft das Fieber nicht auf Normalwerte senken, das Allgemeinbefinden des Tieres sollte sich aber verbessern. Neben der Regulierung der Temperatur unterstützen sie auch die körpereigene Abwehr. Sie können daher sowohl bei Virus- als auch bakteriellen Infektionen, auch in Kombination mit Antibiotika, gegeben werden. Der Einsatz homöopathischer Mittel ist gerade bei einer Virusinfektion besonders wichtig, da Antibiotika Viren nicht abtöten können. Antibiotika werden in diesem Fall zum Schutz gegen bakterielle Sekundärinfektionen (→ Glossar, Seite 244) gegeben.

Aconitum (*Aconitum napellus*, Blauer Eisenhut) Erkrankungen, bei denen man Aconitum braucht, sind sehr stürmisch im Verlauf. Die Symptome entsprechen dem Mittelbild von Aconitum nur in den ersten Stun-

TIPP

Das Immunsystem unterstützen

Das Homöopathikum Echinacea (*Echinacea angustifolia*, Sonnenhut) unterstützt das Immunsystem bei allen akuten Infektionen. Es wirkt entzündungshemmend und wird eingesetzt bei Infektionen wie Bronchitis, Virusinfektionen und bei Immunschwäche. Es ist angezeigt, wenn sich die Symptome bei Anstrengung, Kälte, nach dem Fressen und abends verschlimmern.

Potenz und Dosierung: D6, 3 x 1 Dosis über 1 bis 2 Wochen

den (Anfangsmittel, → Glossar, Seite 240). Danach wandelt sich das Symptomenbild, und der Hund braucht andere Mittel. Wenn Sie Aconitum rechtzeitig gegeben haben, wird er einschlafen und am nächsten Tag wieder fast in Ordnung sein.

Ursachen: Infektion; oft Folge von kaltem Wind
Symptome: plötzliches Fieber (innerhalb von Stunden), sehr hoch, über 40 °C; rote Schleimhäute; das Herz klopft stark; trockene Haut und Schleimhäute; der Hund kann großen Durst haben, ist unruhig; es sind noch keine weiteren Symptome zu sehen; Beginn der Erkrankung oft abends oder nachts
Verschlimmerung: durch Berührung
➤ Potenz, Dosierung: D4, C30, im Abstand von 30 Minuten 2 bis 3 x 1 Dosis (→ Seite 55)
➤ **Wichtig:** Das Mittel nicht mehr geben, wenn klar ist, welches Organ betroffen ist!

Belladonna (*Atropa belladonna*, Tollkirsche)
Ursachen: Infektion; Folge von Hitze
Symptome: plötzlicher Beginn, jedoch nicht so schnell wie bei Hunden, die Aconitum brauchen; meist steigt das Fieber innerhalb eines halben bis ganzen Tages bis zu 40 °C; es ist schon feststellbar, welches Organ betroffen ist (z. B. Husten bei Bronchitis), es ist jedoch noch keine Eiterung als Folge einer bakteriellen Infektion eingetreten; der Hund ist apathisch und will sich nicht bewegen; rote Schleimhäute; das Herz klopft stark; kalte Füße, Schweiß an den Fußballen; kein Durst
➤ **Wichtig:** Der Hund sollte in jedem Fall dem Tierarzt vorgestellt werden.
Verschlimmerung: durch Berührung, Geräusche, Kälte, durch Nässe, Licht
➤ Potenz, Dosierung: D6, D30, 1 x stündlich 1 Dosis innerhalb von 2 Stunden, dann abwarten, ob Besserung eintritt (dann die Gabe nicht wiederholen); wenn keine Besserung bzw. ein Rückfall eintritt, weiter D6, 3 x 1 Dosis (→ Seite 55) oder ein anderes Mittel auswählen (→ Seite 35)

Lachesis (*Lachesis muta*, Buschmeisterschlange)
Zum Arzneimittelbild gehört Blutungsneigung.

Ursachen: Infektion, oft durch Viren
Symptome: sich langsam entwickelndes Fieber, oft nicht über 39,8 °C; wenig Durst; es sind bereits Symptome vorhanden, oft im Hals-/Bronchienbereich oder an infizierten Wunden; infizierte Stellen sind berührungsempfindlich, nicht jedoch der ganze Hund wie bei Belladonna und Aconitum; rot-bläuliche Schleimhäute; die Entzündungen sind noch nicht eitrig, bluten jedoch leicht
➤ **Besonderheit:** Linksseitigkeit möglich (→ Seite 243)
Verschlimmerung: durch Wärme, Druck, nach dem Schlafen
➤ Potenz, Dosierung: D8, D12, 2 bis 3 x täglich 1 Dosis bis zur Besserung (→ Seite 55)
Ferrum phosphoricum (Eisenoxidphosphat, phosphorsaures Eisen)
Ursachen: akuter, aber auch wiederkehrender Infekt
Symptome: Fieber nicht hoch, aber hartnäckig oder immer wiederkommend; keine Eiterung; besonders häufig Atemwegs- und Darminfektionen; häufig junge Tiere, oft etwas zart und nervös; eher blasse Schleimhäute; oft kalte Füße; Hund schwitzt an den Füßen
➤ **Hinweis:** Für Ferrum phosphoricum spricht der erwähnte zarte und nervöse Zustand.
Verschlimmerung: um Mitternacht, bei Geräuschen
➤ Potenz, Dosierung: D8, 2 x 1 Dosis; D12, 1 x 1 Dosis (→ Seite 55) bis zur Besserung

Vergiftungen

Vergiftungen treten meist plötzlich auf.
Ursachen: Es gibt die verschiedensten Gifte, z.B. giftige Pflanzen, Medikamente, Ratten- und Schneckengift, Dünger, Waschpulver oder Frostschutzmittel.
Allgemeine Symptome: Speicheln, Erbrechen, Durchfall; Krämpfe, Zittern, Zuckungen, Taumeln; Apathie; erweiterte Pupillen; veränderte Atmung (schneller, langsamer, flacher). Außer bei Krämpfen ist kein Fieber vorhanden.
Wann zum Tierarzt? Bei Vergiftungsverdacht müssen Sie immer zum Tierarzt gehen. Wenn möglich, muss ein

Gegengift (Antidot) gegeben werden. Zusätzlich sind organunterstützende Maßnahmen wie Infusionen erforderlich. Wurde das Gift vor Kurzem aufgenommen, kann der Tierarzt den Hund zum Erbrechen bringen.

➤ Richtig handeln: Wenn Sie wissen, welches Gift, auch Medikament, Ihr Hund aufgenommen hat, nehmen Sie es mit Verpackung und Beipackzettel mit zum Tierarzt. Wenn es sich um eine giftige Pflanze handelt und Sie kennen deren Namen nicht, nehmen Sie diese (sicherheitshalber gut verpackt) ebenfalls mit.

Bei allen Vergiftungen gilt: Als Erstes sollten Sie, soweit machbar, vorhandenes Gift unter Beachtung der eigenen Sicherheit (beispielsweise Handschuhe anziehen) sofort entfernen. Bei Giften im Fell sollten Sie Ihren Hund am Lecken hindern, indem Sie ihn festhalten und Haut und Haare mit Wasser und Seife/Shampoo reinigen.

➤ **Homöopathische Behandlung:** Homöopathika können Heilungs- und Entgiftungsprozesse unterstützen.

Nux vomica (*Strychnos nux-vomica*, Brechnuss)
Ursachen: Aufnahme von Gift, falschen Medikamenten
Symptome: aufgekrümmter Rücken; übel riechender Durchfall mit viel Luft, Blähungen, Schmerzen im Bauchbereich; Krämpfe, Erbrechen
Besserung: durch Wärme

➤ **Tipp:** Hilft bei Giften, die die Leber schädigen.
➤ Potenz, Dosierung: D6, 3 x 1 Dosis (→ Seite 55)

INFO

Baden von Hunden

Hunde sollten Sie nur mit Hundeshampoos oder medizinischen Shampoos nach tierärztlicher Anweisung baden. Hunde mit gesunder Haut sollten so wenig wie möglich mit Shampoo gebadet werden, d. h. nur bei starken Verschmutzungen. Ansonsten reicht lauwarmes Wasser zur Reinigung völlig aus. Zu häufiges Baden kann die Haut austrocknen und Hauterkrankungen fördern. In Notfällen, etwa bei Giftkontakt, können Sie auch eine milde Waschlotion oder Babyshampoo benutzen.

Okoubaka (*Okoubaka aubrevillei*, Rinde eines west-afrikanischen Baums)
Ursachen: Vergiftung, vor allem durch Pestizide und Insektizide, Futtertoxine (→ Glossar, Seite 245), etwa durch verdorbenes Futter, oder Aflatoxine aus Schimmelpilzen (→ Glossar, Seite 240)
Symptome: Schwäche; Durchfall und Erbrechen, heftig und hartnäckig
➤ Potenz, Dosierung: D2, 3 x 1 Dosis (→ Seite 55), meist 1 bis 2 Wochen nötig; bei Bedarf (→ Seite 167) Folgemittel suchen

Ipecacuanha (*Uragoga ipecacuanha*, Brechwurzel)
Symptome: starkes Erbrechen, zum Teil mit Blutschlieren im Erbrochenen; Gabe rein symptomatisch, um übermäßiges Erbrechen zu beenden
➤ Potenz, Dosierung: C30, 1 x 1 Dosis; D6, 1 x alle Stunde 1 Dosis (→ Seite 55), bis der Hund nicht mehr erbricht, dann noch 1 bis 2 Tage lang geben
→ auch Ausleitungsmittel, Seite 132

Hitzschlag, Sonnenstich

Bei einem Hitzschlag müssen Sie zuallererst Ihren Hund kühlen. Holen Sie ihn dazu ins kühle Haus; dann wickeln Sie den Hund in nasse Tücher oder duschen ihn kurz kalt ab.
➤ **Achtung:** Nicht zu schnell und zu stark kühlen!
Wann zum Tierarzt? Da immer die Gefahr eines Schocks besteht, suchen Sie umgehend den Tierarzt auf.
➤ **Homöopathische Behandlung:** Sie ist als erste Notfallmaßnahme gedacht. Sehen Sie auch nach unter »Schock« auf Seite 136f.

Gelsemium (*Gelsemium sempervirens*, Wilder Jasmin)
Symptome: Der Hund ist benommen, schläfrig; seine Augen bewegen sich hin und her, die Pupillen sind stark vergrößert.
Besserung: durch Ruhe
➤ Potenz, Dosierung: D6, alle 10 bis 20 Minuten bis zur Normalisierung; D30, 2 x 1 Dosis im Abstand von 1 Stunde (→ Seite 55)

Belladonna (*Atropa belladonna*, Tollkirsche)
Symptome: Der Hund ist müde, apathisch; sein Herz klopft stark; rote oder bläulich rote, trockene Schleimhäute; die Pupillen sind stark vergrößert.
➤ Potenz, Dosierung: D6 oder D30, 2 x 1 Dosis innerhalb von 2 Stunden, dann abwarten; evtl. weiter D6, 3 x 1 Dosis (→ Seite 55). Bei Wirkungseintritt, wenn der Hund wieder munterer wird, erst einmal abwarten, Mittelgabe nicht wiederholen.

Operationen

➤ **Homöopathische Behandlung:** Nach operativen Eingriffen helfen die nachfolgend genannten Arzneimittel, den Wundschmerz zu verringern und die Wundheilung zu fördern.
Staphisagria (*Delphinium staphisagria*, Stephanskraut)
Ursachen: Schnittverletzung
Symptome: gerötete, geschwollene Stelle; starke, unverhältnismäßig erscheinende Schmerzempfindlichkeit, beim bloßen Annähern an die Wunde wehrt sich und/ oder beißt der Hund
Verschlimmerung: durch Aufregung, Kälte, Kratzen
➤ Potenz, Dosierung: D6, 2 x 1 Dosis (→ Seite 55)
Arnica (*Arnica montana*)
Ursachen: Folge von Verletzung, Schock
Symptome: Schmerzhaftigkeit, starke Berührungsempfindlichkeit; Schwäche, Blässe; eher rötliche, weiche Haut
Verschlimmerung: durch Bewegung, Berührung
➤ Potenz, Dosierung: D4, D6, 3 x 1 Dosis; C30, 1 x 1 Dosis (→ Seite 55)
➤ **Achtung:** Die Gabe von Arnica vor der Operation kann die Blutungsneigung erhöhen.
Ledum (*Ledum pallustre*, Sumpfporst)
Ursachen: Stiche bei der OP-Naht
Symptome: Reaktion auf Operationsnaht, die bläulich, fest, kaum schmerzhaft ist; keine erhöhte lokale Wärme
Besserung: durch Kälte
➤ Potenz, Dosierung: D4, 2 bis 3 x 1 Dosis (→ Seite 55)

Verhaltensauffälligkeiten

Hunde können mehr oder weniger häufig Verhaltensweisen zeigen, die für ihre Menschen zu Problemen oder erheblichen Störungen des Zusammenlebens führen. Hierbei handelt es sich häufig um für den Besitzer störendes Normalverhalten (z. B. Jagdverhalten), übersteigertes Normalverhalten (z. B. Hüteverhalten) oder angelerntes störendes Verhalten (z. B. Unsauberkeit). Manche Verhaltensweisen sind aber auch echte Verhaltensstörungen (z. B. angeborene Aggressivität). Die Übergänge sind oft fließend. Für die Behandlung des problematischen oder störenden Verhaltens ist es wichtig, seine Ursache zu ermitteln, soweit dies möglich ist.

Ursachen:

➤ Falsche Rasse für den angestrebten Zweck: Rasse und Charakter des Hundes passen nicht zum Menschen oder zur Wohnsituation.

➤ Fehlende Auslastung des Hundes, sowohl mental als auch körperlich: vor allem bei Arbeitsrassen wie Border Collie oder Jagdhunden wie Weimaraner

➤ Falsches, zu energiereiches Futter: Der Hund weiß nicht, wohin mit seiner Energie; Leistungsfutter braucht nur ein Arbeitshund im Einsatz, etwa Windhunde bei Rennen, Jagdhunde während des Einsatzes

➤ Mangelnde oder falsche Erziehung

➤ Mangelndes Wissen des Tierhalters über Hundeverhalten und -bedürfnisse

➤ Schlechte Sozialisierung des Welpen: Er wuchs im Zwinger auf und hat jetzt Angst vor allen Haushaltsgeräten, er hatte zu wenig oder keinen Kontakt mit Menschen und anderen Hunden oder auch schlechte Erfahrung und hat jetzt Angst davor.

➤ Veränderungen im Umfeld: z. B. Baby, neuer Partner, Umzug, zusätzliches Haustier

➤ Krankheiten: etwa Schmerzen, Taubheit

➤ Erlerntes Fehlverhalten (→ Tipp Seite 154)

➤ Angeborene Verhaltensstörung/Disposition

Wann zum Tierarzt? Zeigt Ihr Hund plötzlich ungewohnte Verhaltensweisen, dann sollten Sie ihn immer vom Tierarzt auf Erkrankungen und Schmerzen hin untersuchen lassen. Auch die Fütterung und Haltung muss überprüft werden. Kann dies alles als Auslöser ausgeschlossen werden, so sind psychische Ursachen für die Verhaltensauffälligkeit möglich. Diese müssen über eine Anamnese sorgfältig ermittelt werden. Der Hund kann dann sowohl mit Verhaltenstherapie, Homöopathie oder mit einer Kombination von beiden behandelt werden. Inzwischen gibt es auch Tierärzte, die beides anbieten.

➤ **Homöopathische Behandlung:** Mit Homöopathie können psychische Probleme behandelt und übersteigertes Normalverhalten korrigiert werden. Braucht Ihr Hund eine Verhaltenstherapie, kann Homöopathie unterstützend seine Aufnahmefähigkeit hierfür erhöhen. Beispiel: Der Hund ist so nervös, dass er gar nicht in der Lage ist, die Therapie anzunehmen, da er sich nicht konzentrieren kann. Homöopathie kann weder angeborene Verhaltensstörungen noch mangelnde Sozialisierung beheben, aber die daraus entstehenden Probleme lindern. Für eine Therapie muss in den meisten Fällen das Konstitutionsmittel gesucht werden, da hier das Individuum, das diese Probleme hat, betrachtet und behandelt werden muss. Bei den im Folgenden besprochenen Problemen nenne ich Mittel, die besonders häufig infrage kommen. Sehen Sie auch bei Konstitutionsmitteln ab Seite 166 nach. Manche Probleme wie Reisekrankheit (→ rechts) oder Perverser Appetit (→ Seite 157) können auch mit organbezogenen Mitteln gelindert werden.

TIPP

Belohntes Fehlverhalten

Zeigt Ihr Hund ein unerwünschtes Verhalten, etwa Bellen oder Angstreaktionen, dann ignorieren Sie es. Sprechen oder sehen Sie ihn auch nicht an oder trösten Sie ihn nicht. Für ihn ist auch dies eine Belohnung. Ignorieren Sie das unerwünschte Verhalten, belohnen Sie allerdings erwünschtes Verhalten wie nicht bellen oder keine Angst haben.

Heimweh, Trauer

Dies zeigt der Hund, wenn er z. B. in die Tierpension muss, oder bei Besitzer-/Partnerwechsel oder -verlust.
Allgemeine Symptome: Der Hund frisst nicht; er ist traurig, mag nicht spielen.
➤ **Homöopathische Behandlung:**
Ignatia (*Strychnos ignatii*, Ignatiusbohne)
Ursachen: Kummer, Heimweh, Trauer (→ Seite 172)
➤ Potenz, Dosierung: D30, 1 x 1 Dosis (→ Seite 55) nach Bedarf (→ Seite 167)
Natrium chloratum (Natriumchlorid, auch Natrium muriaticum, Kochsalz)
Ursachen: Kummer, Verlust von Bezugspersonen oder -tieren (→ Seite 177)
➤ Potenz, Dosierung: D30, D200, 1 x 1 Dosis (→ Seite 55) nach Bedarf (→ Seite 167) bis zur Besserung

Reisekrankheit

Die Reise- oder Fahrkrankheit tritt meist zunächst bei Welpen oder Junghunden auf. Unternehmen Sie nichts dagegen, verfestigt sich das Problem beim Hund durch die gewonnenen, negativen Erfahrungen. Hatte der Hund im Auto ein schlechtes Erlebnis, etwa einen Unfall, kann auch dies danach Probleme bereiten, selbst bei älteren Hunden.
Allgemeine Symptome: Speicheln, Erbrechen, Durchfall; Unruhe, Zittern; Fiepen, Jaulen, Bellen
Begleitbehandlung: Evtl. Fahrstil ändern; manchmal liegt es auch am Auto, weich gefederte Autos scheinen mehr Probleme zu bereiten; Änderung des aktuellen Sitz-/Liegeplatzes des Hundes im Auto; den Hund vor der Fahrt nicht füttern. Wenn das nicht hilft:
➤ Bringen Sie das Auto mit positiven Dingen in Verbindung, indem Sie den Hund zunächst im stehenden Auto füttern oder nur kurze Fahrten unternehmen, an deren Ende etwas Angenehmes für ihn folgt, etwa ein spannender Spaziergang. Dadurch verbindet der Hund das Auto mit etwas Angenehmem.

➤ Steigern Sie die Dauer der Fahrt allmählich.
➤ Belohnen Sie ängstliches Verhalten nicht durch Zuwendung (→ Tipp Seite 154).
➤ Verhaltenstherapie
➤ **Homöopathische Behandlung:** Möglich ist die Gabe des Konstitutionsmittels; z.B. ist Phosphorus geeignet bei Problemen beim Fahren wegen der Fahrgeräusche. Daneben kommen als weitere Mittel infrage:
Cocculus (*Anamirta cocculus*, Kockelskörner)
Symptome: Speicheln, Erbrechen, Harn- und Kotabsatz; Hund steht steif und bewegt sich nicht; braucht nach der Fahrt kurze Erholung; vor allem bei jungen Hunden
Verschlimmerung: durch Kurvenfahren
Besserung: durch Sitzen im Verhältnis zu sonst weiter unten im Auto

HÄUFIG GEBRAUCHTE MITTEL BEI PERVERSEM APPETIT

Salziges	Natrium chloratum D12, 1–2 x 1 Dosis
Rohe Kartoffeln	Calcium carbonicum D12, 1–2 x 1 D.
Steine	Lycopodium C30, 1 x 1 Dosis
Kalk, Zement	Calcium phosphoricum D12, Calcium carbonicum D12 oder Natrium chloratum D12, je 1–2 x 1 Dosis, Silicea D6, 2 x 1 Dosis
Gras ohne Erbrechen	Silicea D12, 1–2 x 1 Dosis
Eier	Calcium carbonicum D12, 1–2 x 1 D.
Holz, Plastik	Ignatia D30, 1 x 1 Dosis
Papiertaschentücher	Calcium carbonicum D12 oder Calcium phosphoricum D12, 1–2 x 1 Dosis
Fremder Kot	Nux vomica D6, 3 x 1 Dosis, wenn Blähungen vorhanden sind; Acidum nitricum D6, 3 x 1 Dosis
Haare	Natrium chloratum D12, 1–2 x 1 Dosis
Sand	Silicea D6, 2 x 1 Dosis
Erde	Natrium chloratum D12, 1–2 x 1 Dosis

Die Mittel nicht länger als 2 bis maximal 6 Wochen geben. Wenn kein Erfolg eintritt, dann zum Tierarzt gehen.

➤ Potenz, Dosierung: D6, 1 Dosis 1/2 bis 1 Stunde vor Fahrtbeginn, bei Bedarf wiederholen. Bei täglichem Training mit Welpen: 2 x täglich 1 Dosis 2 bis 3 Wochen lang (→ Seite 55)

Nux vomica (*Strychnos nux-vomica*, Brechnuss)
Symptome: Der Hund ist unruhig, springt umher oder steht steif und hechelt; er jault.
Verschlimmerung: durch vollen Magen
➤ Potenz, Dosierung: D6, 1 Dosis 1/2 bis 1 Stunde vor Fahrtbeginn (→ Seite 55), bei Bedarf wiederholen. Bei konstitutioneller Veranlagung D6, 3 x 1 Dosis (→ Seite 55), oder D30 nach Bedarf (→ Seite 167)

Petroleum (Petroleum rectificatum, Steinöl)
Symptome: kurz nach Fahrtbeginn plötzliches Erbrechen, Übelkeit, Schwindel; Hund liegt oder steht starr
Besserung: durch Fressen (der Magen soll nicht ganz leer sein)
➤ Potenz, Dosierung: D8, 1 Dosis 1/2 bis 1 Stunde vor Fahrtbeginn, bei Bedarf wiederholen (→ Seite 55)

Tabacum (*Nicotiana tabacum*, Virginischer Tabak)
Symptome: Speicheln, sofortiges Erbrechen, Übelkeit; Hund legt sich sofort hin
Verschlimmerung: durch warme Luft, Tabakgeruch
Besserung: durch frische Luft, Erbrechen
➤ Potenz, Dosierung: D6, 1 Dosis 1/2 bis 1 Stunde vor Fahrtbeginn, bei Bedarf wiederholen (→ Seite 55)

Strychninum phosphoricum (Strychninphosphat)
Symptome: Erbrechen, Übelkeit nur beim Bremsen und Anfahren
Besserung: beim gleichmäßigen Fahren, z. B. Autobahn
➤ Potenz, Dosierung: D6, D12, 1 Dosis 1/2 bis 1 Stunde vor Fahrtbeginn, bei Bedarf wiederholen (→ Seite 55)

Perverser Appetit

Unter »Perversem Appetit« versteht man die Aufnahme von Dingen, die ungewöhnlich, oft auch unverdaulich sind (→ Tabelle links).
Ursachen: Die Gründe sind nicht ganz geklärt. Infrage kommen könnten Wurmbefall, Mängel (Mineralien,

Vitamine), Stoffwechselstörung oder Verhaltensstörung. Der Übergang zwischen körperlichem Problem und Verhaltensstörung kann fließend sein.

Begleitbehandlung bei körperlichen Ursachen: Fütterung optimieren (evtl. auch mehr Ballaststoffe), Wurmbehandlung; versuchsweise etwas Heilerde (für den innerlichen Gebrauch), Fermentgetreide oder ein Stückchen stinkenden Käse wie reifen Harzer (wirkt erfahrungsgemäß häufig) in das Futter mischen.

Begleitbehandlung bei psychischen Ursachen: Verhaltenstherapie

Wann zum Tierarzt? immer, um die Ursachen so weit wie möglich abklären zu lassen

➤ **Homöopathische Behandlung:** Sie richtet sich nach den Ursachen.

➤ Wurmbefall: → Jungtiermittel, Seite 167

➤ Folgen von Wurmbefall: → Seite 86

➤ Mangelerscheinungen bei Junghunden: → Seite 167 Ansonsten muss nach dem Konstitutionsmittel gesucht werden.

Unsauberkeit

Unsauberkeit bei erwachsenen Hunden kann neben körperlichen Ursachen, wie z.B. Blasen- (→ Seite 95), Darmentzündungen (→ Seite 82) oder Inkontinenz (→ Seite 108), auch Ursachen im Verhalten haben.

Normale Ursachen für Urinieren:

➤ Reviermarkieren

➤ Hündinnen markieren vor und während der Läufigkeit mehr, um die »frohe« Botschaft weiterzuverbreiten.

➤ Unterwürfigkeitsurinieren

➤ bei Welpen: Urinieren bei Aufregung (bei früh kastrierten Hunden kann dies auch beim erwachsenen Hund erhalten bleiben)

Urinieren/Koten als Verhaltensproblem (über das normale Maß hinausgehend):

➤ Markieren bei Stress, z.B. neue Möbel

➤ Dominanzmarkieren, z.B. am Besuch oder sogar am Besitzer

➤ übermäßige Revierabgrenzung

➤ übermäßige Erregung

➤ bei Angst, z. B. bei/vor Trennung, Alleinsein

➤ erlerntes Fehlverhalten: Ist der Hund z. B. im Zwinger aufgewachsen, konnte er nicht lernen bzw. hatte er nicht die Möglichkeit, nur an bestimmten Stellen zu urinieren und zu koten; diese Hunde sind dann im Haus unsauber. Oder der Hund bekommt durch aufmerksamkeiterregendes Verhalten wie Unsauberkeit Zuwendung vom Besitzer; das wirkt wie eine Belohnung.

➤ inkonsequente oder fehlerhafte Sauberkeitserziehung, zu seltenes Gassigehen

➤ **Wichtig:** Entfernen Sie den Urin nicht mit gängigen Haushaltsreinigern. Diese riechen wie Urin nach Ammoniak und werden deshalb vom Hund evtl. wieder übermarkiert. Nehmen Sie besser Neutralreiniger oder Schmierseife.

Wann zum Tierarzt? Es sollte stets in einer Anamnese versucht werden, die Ursache der Unsauberkeit herauszufinden. Körperliche Ursachen müssen dabei ausgeschlossen werden.

Begleitbehandlung: Verhaltenstherapie, bei Rüden evtl. Kastration

➤ **Homöopathische Behandlung:** Sie muss angesichts der vielen verschiedenen Ursachen mit dem Konstitionsmittel erfolgen. Häufig eingesetzt werden: Pulsatilla

INFO

Beißhemmung

Die Beißhemmung wird bis zur 18. Lebenswoche nach dem Muster Aktion-Reaktion erlernt. Beißt der Welpe einen anderen beim Spiel zu stark, wird dieser aufschreien und zurückbeißen oder weglaufen. Beide Reaktionen lehren den Welpen, dass sein Biss zu stark war. Aus dieser Erfahrung heraus wird er das nächste Mal sanfter zubeißen. Wir Menschen sollten nach diesem Muster ebenfalls die Beißhemmung trainieren. Am besten wirkt dabei, mit dem Spiel aufzuhören.

(→ Seite 182), Natrium chloratum (→ Seite 177), Nux vomica (→ Seite 179), Ignatia (→ Seite 172).

Angst

Ursachen für ängstliches Verhalten:
➤ schlechte Erfahrung
➤ schlechte Sozialisierung im Welpenalter
➤ Angst ist angeboren
➤ Unterdrückung durch andere
➤ Erkrankungen
➤ falsche Haltungsbedingungen und Erziehung

Allgemeine Symptome für ängstliches Verhalten:
➤ Der Hund flieht.
➤ Er versteckt sich.
➤ Er reagiert aggressiv, wenn er nicht fliehen kann.
➤ Er erstarrt, wenn er nicht fliehen kann.
➤ Haltung und Mimik sind verändert (weite Pupillen, Hund macht sich klein, Schwanz ist eingeklemmt, Hund meidet Augenkontakt, Ohren sind angelegt).
➤ Der Hund zeigt körperliche Symptome wie Schwitzen, Hecheln, Urin- und Kotabsatz, Erbrechen.

Wann zum Tierarzt?
Er muss Krankheiten ausschließen oder bestehende behandeln.

Begleitbehandlung:
Verhaltenstherapie
➤ **Homöopathische Behandlung:** Dafür muss nach dem Konstitutionsmittel gesucht werden. Häufig eingesetzt werden: Arsenicum album (→ Seite 168), Natrium chloratum (→ Seite 177), Pul-

---

INFO

Aggression und Angst

Angst und Aggression werden beeinflusst durch:
➤ genetische Anlagen
➤ Rasse
➤ Sozialisation
➤ Umwelteinflüsse
➤ Haltungsbedingungen
➤ Bindung an Menschen und Hunde
➤ hormonelle Einflüsse
➤ Alter
➤ Erziehung
➤ Rang im Rudel
➤ Krankheiten

satilla (→ Seite 182), Silicea (→ Seite 186). Daneben können in speziellen Fällen auch folgende Mittel eingesetzt werden:

Aconitum (*Aconitum napellus*, Blauer Eisenhut)
Ursachen: Angst und große Schreckhaftigkeit als Folge von Schreck
➤ Potenz, Dosierung: D30 oder D200, 1 x 1 Dosis einmalig (→ Seite 55)

Arnica *(Arnica montana)*
Ursachen: Folge von Unfall, Schock, Verletzung
Symptome: psychischer Schock, Tiere verstecken sich, wollen nicht angefasst werden
➤ Potenz, Dosierung: C30, 1 x 1 Dosis (→ Seite 55) nach Bedarf (→ Seite 167) bis zur Besserung

Angst vor dem Alleinsein

Alleinsein ist für ein Rudeltier wie den Hund nicht normal und wäre in freier Wildbahn auch gefährlich. Daher muss der Hund erst lernen, dass sein Zuhause sicher ist und das restliche Rudel (seine Menschen) immer wieder zurückkommt und ihm immer »Beute« (Futter) gegeben wird.

Ursachen: Schlechte Erfahrungen, z. B. bei Hunden, die ausgesetzt oder abgegeben wurden; erlerntes Fehlverhalten, etwa weil der Besitzer zufällig nach Hause kommt, während der Hund beispielsweise jault, dieser denkt dann, dass das Jaulen den Besitzer zurückgebracht hat – er wird für sein Verhalten belohnt und wird wieder jaulen.

Allgemeine Symptome: Bellen, Jaulen; Zerstören von Gegenständen; Unsauberkeit; Pfotennagen

Wann zum Tierarzt? immer, denn organische Ursachen wie etwa Schmerzen müssen ausgeschlossen werden

Begleitbehandlung: Verhaltenstherapie

➤ **Homöopathische Behandlung:** Sie muss angesichts der vielen verschiedenen Ursachen mit dem Konstitutionsmittel erfolgen. Häufig haben Hunde Probleme mit dem Alleinsein, die Arsenicum album (→ Seite 168), Natrium chloratum (→ Seite 177), Nux vomica (→ Seite

179), Phosphorus (→ Seite 181) oder Pulsatilla (→ Seite 182) als Konstitutionsmittel brauchen.

Angst vor Geräuschen

Ursachen: angeborenes oder erworbenes Verhalten des Hundes, das möglicherweise durch falsches Verhalten des Besitzers verstärkt wurde (→ Tipp Seite 154)
Allgemeine Symptome: Erschrecken; Schwanzeinklemmen; Winseln; Flüchten, Verkriechen, Schutzsuchen
Begleitbehandlung: Verhaltenstherapie
➤ **Homöopathische Behandlung:** Da Geräuschangst (etwa vor Gewitter, an Silvester) auch erworben werden kann, kann im Prinzip jeder Hund diese Angst entwickeln. Besonders anfällig dafür sind Hunde der folgenden Konstitutionen: Lycopodium (→ Seite 176), Nux vomica (→ Seite 179), Phosphorus (→ Seite 181). Ansonsten können Sie versuchsweise an Silvester geben:
Borax (Natriumtetraborat)
Ursachen: Knallgeräusche
Symptome: Zittern; evtl. Verstecken
➤ Potenz, Dosierung: D4, 3 x 1 Dosis; D30 1 x 1 Dosis (→ Seite 55); ca. 1 Woche vor Silvester oder einer entsprechenden Veranstaltung damit beginnen

Pfotennagen, psychogenes Jucken, nervöses Erbrechen und Durchfall

Alle diese Verhaltensstörungen sind Folge von Stresssituationen für das Tier wie Alleinsein oder Langeweile, sofern krankheitsbedingte Ursachen ausgeschlossen werden können.
Begleitbehandlung: Verhaltenstherapie
➤ **Homöopathische Behandlung:** Sie muss angesichts der vielen verschiedenen Ursachen mit dem Konstitutionsmittel erfolgen. Häufig haben Hunde Probleme mit Pfotennagen, psychogenem Jucken etc., die Argentum nitricum (→ Seite 167), Ignatia (→ Seite 172), Lycopodium (→ Seite 176), Nux vomica (→ Seite 179), Phosphorus (→ Seite 181), Silicea (→ Seite 186) brauchen.

Vermehrte Aggression

Aggression ist ein normales Verhalten von Hunden und dient zur Erhaltung der eigenen Lebensgrundlage. Eine stärkere Aggression kann neben Erkrankungen auch andere Ursachen haben und gegen Menschen und/oder andere Tiere gerichtet sein. Diese Form der Aggression kann jeder Hund entwickeln, da er auch aus Angst aggressiv reagieren kann. Der Übergang zwischen Normalverhalten und Verhaltensproblem ist fließend.

Ursachen für vermehrte Aggression:

➤ Angst, wenn der Hund nicht fliehen kann oder sich in einer bedrohlichen Situation befindet (Angstbeißer)

➤ Spielaggression, weil der Hund unausgelastet ist

➤ Jagd-, Beute-, Hüteaggression, weil der Hund seine angeborenen Verhaltensmuster nicht ausleben kann

➤ Schutzaggression, weil der Hund sein Territorium, sein Rudel oder sich selbst übermäßig schützt

➤ Schmerz

➤ Folge von Erkrankungen

➤ antrainiertes Verhalten, etwa bei Schutzhunden

➤ Langeweile

➤ nicht erlernte Beißhemmung (→ Info Seite 159)

➤ erlerntes Fehlverhalten (→ Tipp Seite 154).

➤ ungeklärte Rangordnung

➤ Die Ursache der Aggression entspricht nicht dem, was der Hund angreift. Wird der Hund z.B. vom Besitzer gemaßregelt, greift er nicht den Besitzer an, sondern er reagiert seine Spannung an einem Ersatzobjekt ab, etwa einer Katze (sogenannte umgerichtete Aggression).

➤ Die Aggression ist angeboren oder genetisch bedingt.

Wann zum Tierarzt? wenn die Aggression das hundetypische Maß übersteigt oder krankheitsbedingt ist

Begleitbehandlung: Verhaltenstherapie

➤ **Homöopathische Behandlung:**

Dafür muss das Konstitutionsmittel des Hundes gesucht werden. Im Prinzip kann jeder Hund vermehrt aggressiv reagieren. Häufiger eingesetzt werden: Ignatia (→ Seite 172), Lachesis (→ Seite 174), Lycopodium (→ Seite 176), Nux vomica (→ Seite 179), Sepia (→ Seite 184).

Die homöopathischen Mittel

In diesem Kapitel sind die wichtigsten Konstitutionsmittel und häufig gebrauchte Mittel für den Hund beschrieben. Zum besseren Verständnis einer Anamnese und Behandlung habe ich Fallbeispiele aus meiner Praxis beigefügt.

Die wichtigsten Konstitutionsmittel für Hunde

Konstitutionsmittel sind Homöopathika mit einem weiten Wirkungsbereich, sie können also bei einer Vielzahl von Beschwerden helfen. Das erklärt sich dadurch, dass Konstitutionsmittel auf das ganze System des Körpers wirken, also auf die körperliche, geistige und seelische Ebene, und auch Verhaltensprobleme beheben können. Meist sind nur sie in der Lage, chronische, tief greifende Veränderungen zu heilen.

Zur Bestimmung des Konstitutionsmittels ist eine ausführliche Anamnese durch den homöopathisch arbeitenden Tierarzt zwingend erforderlich. Dabei werden die konstitutionellen Symptome Ihres Hundes erfasst, die er ererbt hat und die durch die Umwelt geprägt wurden. Anschließend bringt der Therapeut die festgestellten Symptome des Hundes entsprechend der Ähnlichkeitsregel in Deckung mit den Symptomen des homöopathischen Mittels (→ Seite 17).

Bei Konstitutionsmitteln sind die unterschiedlichen Ausprägungen bei gesunden und kranken Hunden zu beachten. Als Beispiel sei Nux vomica angeführt: Ein gesunder Hund des Nux-vomica-Typs ist charmant und liebenswürdig, bei Erkrankungen oder Störungen aber kann er aggressiv sein.

Konstitutionsmittel für Laien: Falls Sie durch eine Anamnese wissen, welcher Konstitutionstyp Ihr Hund ist, können Sie ihm »sein« Mittel immer dann geben, wenn die ursprünglichen Symptome wieder auftreten, oder bei chronischen Krankheiten oder Unpässlichkeiten ohne spezifische Symptome.

Im Folgenden beschreibe ich Konstitutionsmittel, die bei Hunden erfahrungsgemäß häufiger in Anamnesen bestimmt werden; die Beschreibung erfolgt in alphabetischer Reihenfolge. Dabei ist hier der Idealtyp des Hundes genannt, das heißt, es sind alle Symptome aufgeführt, die für dieses Konstitutionsmittel zutreffen. In Wirklichkeit wird ein Hund in den seltensten Fällen alle genannten Symptome zeigen.

»**Jungtiermittel**«: Das sind Calcium carbonicum, Calcium phosphoricum und Silicea. Hunde, die diese Mittel als Jungtiere brauchen, benötigen später in den meisten Fällen ein anderes Konstitutionsmittel. Der Wechsel zum anderen Mittel erfolgt meist mit dem körperlichen Erwachsenwerden im Alter von einem bis zwei Jahren.

➤ **Hinweis zu den Mittelbeschreibungen:** Mit »Essenz« sind die Hauptcharakteristika eines Hundes gemeint, der dieses Mittel braucht. Unter »Hauptangriffspunkte« sind die Hauptschwachpunkte des Hundes bzw. die Hauptwirkorte des Mittels genannt. Wenn es das Mittel zulässt, habe ich bei »Verhalten« unterschieden zwischen gesunden und kranken Hunden.

Argentum nitricum
(Silbernitrat)

Essenz: unberechenbar, impulsiv, Hunde haben Phobien
Hauptangriffspunkte: Nervensystem, Schleimhäute

Verhalten: Die Hunde bekommen Durchfall oder Erbrechen vor Aufregung oder Angst, z. B. vor Geräuschen; sie haben Erwartungsangst (beim Menschen Prüfungsangst), Angst vor fremden Menschen und Plätzen, steigen nicht gern Treppen, haben Angst vor Neuem, Trennungsangst, sind dabei unruhig bis panisch.
Allgemeine Symptome: sind entgegenkommend, intelligent, unberechenbar, verspielt, impulsiv, immer in Eile, hartnäckig; sind ungern allein; trinken viel

INFO

Dosierung »nach Bedarf«
Bei den Dosierungen finden Sie hin und wieder den Hinweis »nach Bedarf«. Das bedeutet, dass in den höheren Potenzen die Abstände, nach denen die Medikamentengabe wiederholt wird, individuell sind. Sie müssen daher Ihren Hund während der Behandlung gut beobachten. Kommen Symptome wieder, ist eine Wiederholung der Mittelgabe nötig.

Körperliche Symptome: Augen: Bindehaut gerötet, milder, gelblicher Ausfluss; kleine Knötchen an den Bindehäuten; wenig schmerzhaft. Verdauungsapparat: Blähungen; schleimiger, gelblich-grünlicher Durchfall, wund machend, übel riechend; fressen hastig und erbrechen dann kurze Zeit später; fressen gern Süßes, vertragen es aber nicht. Atemwege: schleimig-eitriger, gelblich grüner Nasenausfluss, Husten. Harnapparat: können Blasensteine entwickeln mit Koliken.

Typ: eher schlank, drahtig

Verschlimmerung: durch Stress, Angst; nachts, morgens, nach dem Fressen, durch Hitze

Besserung: durch Druck, im Freien, durch leichte Bewegung, Abkühlung

➤ **Potenz, Dosierung:** D12, 1 x 1 Dosis; ab D30 nach Bedarf (→ Seite 55, 167)

Selbstbehandlung: Follikuläre Bindehautentzündung (→ Seite 58); Pfotennagen, psychogenes Jucken, nervöses Erbrechen und Durchfall (→ Seite 162)

Arsenicum album
(Acidum arsenicosum, weißes Arsenik)

Essenz: körperliche Unsicherheit, Angst

Hauptangriffspunkte: Leber, Niere, Darm, Haut, Psyche

Verhalten: haben Angst vor dem Alleinsein, sind oft nachts unruhig; haben Probleme, wenn der geregelte Tagesablauf gestört ist – stärker als bei Silicea (→ Seite 186); sind pingelig in Bezug auf ihre Gewohnheiten und Sauberkeit; unspezifische Ängste, auf die sie panisch reagieren; eher intelligent; eifersüchtig; verstecken sich gern; geräuschempfindlich; selbstständig, eigensinnig, eher Einzelgänger; Neigung zum Hypochonder

Allgemeine Symptome: sind müde, erschöpft, magern ab; haben viel Durst, trinken aber immer nur kleine Mengen; suchen die Wärme, sind gern zugedeckt; sind sehr sauber; sind unruhig trotz Schwäche; können aus Angst beißen, wenn sie nicht ausweichen können

Körperliche Symptome: Verdauungsapparat: Folge von verdorbenem Futter, Vergiftung, Fressen von Eiskaltem,

Virusinfekt; Erbrechen möglich; faulig riechender Durchfall, wird häufig in kleinen Mengen abgesetzt, ist eher dunkel, manchmal blutig; trinken viel in kleinen Mengen, erbrechen dieses wieder; fauliger Geruch aus dem Maul. Schleimhäute: trocken. Atemwege: oft Asthma; Ausfluss erst wässrig, später dickflüssiger und wund machend; Husten verschlimmert sich nach dem Trinken. Harnapparat: Entzündung, Degeneration (→ Glossar, Seite 241); Urin verändert mit Blut; Inkontinenz (→ Glossar, Seite 242) möglich. Haut: schuppig, Haarausfall, Haarbruch; Juckreiz. Mittel wird häufig gebraucht bei HCC, Leptospirose (→ Seite 242, 243), Parvovirose.

➤ **Besonderheiten:** Alle Sekrete sind wund machend; Beschwerden kommen in regelmäßigen Abständen wieder; Hunde reagieren auf Stress mit Erkrankung.

Typ: schlank, oft zierlich, fast dünn; früh ergraut, sehen älter aus, als sie sind

Verschlimmerung: nachts, durch Kälte, Nässe, Fett

Besserung: bei Wärme, durch leichte Bewegung

➤ **Potenz, Dosierung:** D6, 2 bis 3 x 1 Dosis; ab D30 nach Bedarf (→ Seite 55, 167)

Selbstbehandlung: Angst (→ Seite 160); Angst vor dem Alleinsein (→ Seite 161); Erbrechen, Durchfall (→ Seite 82); Erkrankungen der Nieren, Harnleiter (→ Seite 97)

ARSENICUM ALBUM

Fallbeispiel aus meiner Praxis
Rüde Sibo, Collie, 4 Monate
Grund des Besuchs: Sibo hat seit der letzten Nacht Durchfall.

Symptome: Der Durchfall ist wässrig, braun, stark übel riechend, er wird häufig in Kleckschen abgesetzt. Sibo trinkt hastig in kleinen Mengen. Seine Temperatur ist normal, und er ist munter. Er liegt gern warm. Er sammelt draußen gern mal etwas auf.

Therapie: Arsenicum album D6, 3 x 1 Dosis. Nach einer Gabe ist der Durchfall verschwunden. Sicherheitshalber

bekommt er noch einige Tage Diät und auch das homöopathische Mittel noch weitere zwei Tage.

Calcium carbonicum Hahnemanni
(Austernschalenkalk)

Essenz: Trägheit

Hauptangriffspunkte: Die Hunde können Calcium aus
der Nahrung nicht richtig verwerten; Störung des Mine-
ralstoffwechsels und die Folgen daraus

Verhalten: sind schwer zu erziehen, störrisch; brauchen
feste Regeln

Allgemeine Symptome von Welpen: sind kräftige Tiere,
etwas schlaff, weich, Gelenke manchmal durchtrittig;
ruhig, phlegmatisch; etwas ungeschickt

Körperliche Symptome von Welpen: Sie haben Probleme mit Wurmbefall, vertragen Muttermilch nicht.
Verdauungsapparat: Kot wie geronnene Milch, gelblich,
säuerlich riechend, dicker Bauch. Haut: Ekzem wie
Milchschorf. Bewegungsapparat: Störungen im Mineral-
haushalt und Knochenstoffwechsel. Perverser Appetit:
→ Seite 157

Allgemeine Symptome von erwachsenen Hunden: sind
kräftig, gutmütig, ausgeglichen, anhänglich, lieb, phlegmatisch, wollen in Ruhe gelassen werden, sind selbstbewusst (wenn sie gesund sind); stehen in der Rangordnung oft oben, haben dann durch ihre natürliche Sou-
veränität kaum Probleme mit anderen Hunden; in der
Entwicklung langsam, Geschlechtsreife oft später, denken langsam; gute, konstante Arbeiter

Körperliche Symptome von erwachsenen Hunden:
Atemwege: Neigung zu Atemwegsproblemen. Verdauungsapparat: fressen gern Süßes, Eier, rohe Kartoffeln,
Kalk, Zement, Papiertaschentücher; Neigung zu Ver-
dauungsproblemen, Verfettung. Geschlechtsorgane:
sexuell sehr interessiert, aber nach Deckakt lange Erholung nötig. Bewegungsapparat: Neigung zu Senkrücken
(→ Glossar, Seite 244) und Hängebauch

Typ: kräftig wie Berner Sennenhund, Neufundländer
Verschlimmerung: morgens, durch Kälte, Nässe, nach (geistiger und körperlicher) Anstrengung
Besserung: durch Wärme
➤ **Potenz, Dosierung:** D12, 1 x 1 Dosis; D30 und höher nach Bedarf (→ Seite 55, 167)
Selbstbehandlung: Erbrechen und Durchfall als Folgen eines Wurmbefalls (→ Seite 86); Unterstützung der Entwicklung von Welpen (→ Seite 113); Perverser Appetit (→ Seite 157); Wachstumsstörungen bei Junghunden (→ Seite 115)

Calcium phosphoricum
(Calciumphosphat)

Calcium phosphoricum ist wie Calcium carbonicum ein Jungtiermittel, die Welpen sind aber schlanker als die Calcium-carbonicum-Typen (sozusagen die normalen Durchschnittswelpen). Das Mittel ist oft richtig, wenn die Welpen nach der Calcium-carbonicum-Phase nicht Calcium carbonicum bleiben.
Essenz: Probleme in der Wachstumsphase
Allgemeine Symptome von Welpen und Junghunden:
Sie schießen beim Wachsen oft schubweise in die Höhe, die Beine sind im Verhältnis zu lang; lebhafte Tiere, die auch einiges zerstören können (zerkauen und zerreißen viel); lernen schnell; sind etwas ängstlich.
Körperliche Symptome von Welpen und Junghunden:
Verdauungsapparat: vertragen evtl. Muttermilch nicht, dann schleimiger, säuerlicher, wund machender Durchfall; Durchfall auch beim Zahnwechsel. Bewegungsapparat: Neigung zu Knochenwachstumsstörungen
Allgemeine Symptome von erwachsenen Hunden:
schlanke Tiere trotz gutem Appetit; kräftig; gute, aber nicht übermäßige Ausdauer; sind unruhig, neugierig, möchten öfter mal etwas Neues (etwa verreisen, anderen Spazierweg); kontaktfreudig, freundlich; temperamentvoll; sehr ähnlich dem Phosphorus-Typ (→ Seite 181), aber alles etwas reduzierter; Unterscheidung vom Phosphorus-Typ gestaltet sich teilweise schwierig

Körperliche Symptome von erwachsenen Hunden: Sie schlafen gern auf dem Bauch. Mundhöhle: Sie haben schnell schlechte Zähne. Atemwege: Neigung zu wiederkehrender Mandelentzündung. Verdauungsapparat: Neigung zu Erbrechen und Durchfall; fressen schon mal Unverdauliches. Bewegungsapparat: Knochenbrüche heilen schlecht, Neigung zu »Wachstumsschmerzen« an den Knochen, Rachitis, wenn der Typ passt.

Verschlimmerung: durch Nässe, Kälte, durch geistige und körperliche Anstrengung

Besserung: durch Wärme, Ruhe, Fressen

➤ **Potenz, Dosierung:** D12, 1 x 1 Dosis (→ Seite 55)

Selbstbehandlung: Perverser Appetit (→ Seite 157); Unterstützung der Entwicklung von Welpen (→ Seite 113); Wachstumsstörungen bei Junghunden (→ Seite 115)

Ignatia
(Strychnos ignatii, Ignatiusbohne)

Essenz: sensibel, wechselhaft, Kummer

Hauptangriffspunkt: Nervensystem

Ursachen: Kummer, Heimweh, Schreck, Trauer (akut, direkter Zusammenhang zur Ursache ist feststellbar; dagegen liegen bei Natrium chloratum die gleichen Ursachen vor, allerdings länger zurück, und lassen sich daher nicht mehr immer herausfinden)

Verhalten: haben gelegentliche Zornausbrüche, sind leicht erregbar, hysterisch; wollen auch mal allein sein, leiden aber bei längerer Abwesenheit des Besitzers; sind nachtragend; sind sehr geräusch- oder/und geruchsempfindlich; leiden unter raschen Stimmungswechseln, können depressive Züge zeigen; erschrecken leicht. Ignatia hilft bei Angstbeißern. Hunde zeigen widersprüchliches und unerwartetes Verhalten; können viel jaulen und weinen. Verstecken sich, spielen aber auch gern; sind beweglich, anhänglich, freundlich, sensibel; es handelt sich meist um Tiere, die nur einen Menschen als Bezugsperson akzeptieren.

Körperliche Symptome: Atemwege: nervöser Husten, Asthma. Verdauungsapparat: psychisch bedingte Beschwerden wie Durchfall; gähnen häufig. Geschlechtsorgane: bei Scheinträchtigkeit hysterisch, schleppen Spielzeug herum, sind aggressiv, bauen Nest; sind träge, wollen allein sein; keine oder kaum Milch (!); Läufigkeitsintervalle sind eher verlängert. Nervensystem: epileptiforme Anfälle (→ Glossar, Seite 241), Neuralgien. Haut: Ekzeme durch nervöses Lecken

Typ: meist weiblich, Hunde sind eher schlank, zart, trinken wenig

Verschlimmerung: durch Berührung, Trost, Gesellschaft, fremde Menschen, durch ungewohnte Umgebung, nachts, im Freien

Besserung: durch Ruhe, Harnlassen, Wärme, durch Fressen, Alleinsein

Periodizität: Die Beschwerden können zur selben Stunde oder in regelmäßigen Abständen auftreten.

➤ **Potenz, Dosierung:** D30, 1 x 1 Dosis pro Woche (→ Seite 55)

Selbstbehandlung: Heimweh, Trauer (→ Seite 155); Perverser Appetit (→ Seite 157); Pfotennagen, psychogenes Jucken, nervöses Erbrechen und Durchfall (→ Seite 162); Scheinträchtigkeit (→ Seite 107); Unsauberkeit (→ Seite 158); vermehrte Aggression (→ Seite 163)

IGNATIA

Fallbeispiel aus meiner Praxis
Hündin Lucy, Cavalier King Charles Spaniel, acht Monate
Grund des Besuchs: Die Hündin jault und zittert, das Gesäuge ist etwas dick.

Untersuchung und Anamnese: Lucy ist vor 4 Wochen das erste Mal läufig geworden. Die Läufigkeit ist vorbei. Das Gesäuge ist geringfügig dicker als früher, entspricht aber der normalen Entwicklung nach der 1. Läufigkeit. Es ist keine Milch vorhanden. Sie sucht nach Püppchen, die ihr die Besitzer schon weggenommen haben, da sie sie durch die Gegend schleppt und versteckt. Sie ist auch nicht so anhänglich wie sonst, will mehr allein sein.

Diagnose: psychische Scheinträchtigkeit

Therapie: Ignatia D30, 1 x 1 Dosis nach Bedarf. Nach einer Woche sind alle Probleme verschwunden.

Lachesis
(Lachesis muta, Buschmeisterschlange)

Essenz: erhöhte Spannung

Ursachen: Infektion, oft durch Viren; Unterdrückung von Sekretion; Eifersucht; übermäßige Strenge bei der Erziehung (Unterdrückung)

Verhalten: Eifersucht mit gezielter Aggression (Beißen und Knurren), Wutanfälle; kämpfen gern; Aggression auch durch Erschrecken, da empfindlich gegen Geräusche, Licht oder plötzliche Bewegungen; bleiben gut allein; wenig ängstlich, eher reserviert; sind misstrauisch gegen Fremde; sind nicht unterwürfig, aber auch nicht dominant

Allgemeine Symptome: Sich langsam entwickelndes Fieber, oft nicht über 39,8 °C; wenig Durst; es sind bereits Symptome vorhanden, oft im Hals-/Bronchienbereich oder an infizierten Wunden; die infizierten Stellen sind berührungsempfindlich, nicht jedoch der ganze Hund wie bei Belladonna (→ Seite 191) und Aconitum (→ Seite 189); die Entzündungen sind noch nicht eitrig; die Hunde sind im Krankheitsfall sehr unruhig. Sie fressen gern, sind immer hungrig.

Körperliche Symptome: Wie alle Schlangengifte zersetzt Lachesis das Blut, daher ist im Arzneimittelbild eine Neigung zu Blutungen vorhanden. Blutungen sind dunkel; Schleimhäute sind rot-bläulich. Atemwege: Hunde niesen häufig, auch anfallsweise, haben aber wenig Ausfluss; Hals ist berührungsempfindlich. Augen: sind gerötet, der Ausfluss ist wässrig; drittes Augenlid (Nickhaut) ist evtl. vorgefallen. Mundhöhle: starker Speichelfluss; das Schlucken von Flüssigem fällt schwerer als das von Festem. Haut: bläuliches, purpurfarbenes Aussehen, schlechte Wundheilung, Berührung ist schmerzhaft.

Geschlechtsorgane: Der Ausfluss aus der Gebärmutter ist stinkend und dunkel; die Hündin ist besonders gereizt vor der Läufigkeit.

Linksseitigkeit: Beginn links, Symptome links stärker, z. B. linker Halslymphknoten ist als erster oder stärker geschwollen. Auch wenn keine Linksseitigkeit vorhanden ist, sollten Sie Lachesis dennoch anwenden, wenn alle anderen Symptome passen.

Verschlimmerung: durch Wärme, Druck, nach dem Schlaf (schlafen gesund ein und stehen krank auf), durch Berührung

Besserung: an frischer Luft, wenn Sekretion eintritt, durch Trinken von Kaltem

➤ **Potenz, Dosierung:** D8, D12, 2 bis 3 x täglich 1 Dosis (→ Seite 55); D30 und höher, 1 x 1 Dosis nach Bedarf (→ Seite 167)

Selbstbehandlung: Erkrankungen von Nase, Hals, Rachen und Nebenhöhlen (→ Seite 70); Fieber bei Infektionen (→ Seite 146); Gebärmutterentzündung (→ Seite 105); vermehrte Aggression (→ Seite 163)

LACHESIS

Fallbeispiel aus meiner Praxis
Hündin Rosa, Westhighland White Terrier, 6 Jahre alt
Grund des Besuchs: Die Hündin hat Husten.

Symptome: Rosa hustet seit dieser Nacht und würgt. Sie konnte erst gar nicht bellen, jetzt bellt sie heiser. Die ganze Besitzerfamilie ist erkältet. Rosa frisst normal, trinkt aber nicht. Der Hals ist innen etwas gerötet, es ist kein Schleim zu sehen. Draußen hustet sie weniger.

Diagnose: Rosa hat Halsentzündung.

Therapie: Rosa bekommt Lachesis D8, 2 x 1 Dosis am Tag des Tierarztbesuchs. Abends trinkt sie wieder, hustet kaum noch und bellt normal. Am nächsten Tag hustet sie morgens noch etwas, ab nachmittags ist alles wieder normal. Sie bekommt die Tabletten insgesamt 3 Tage, es gibt nach dem Absetzen keinen Rückfall.

Lycopodium
(Lycopodium clavatum, Bärlapp)

Essenz: Mangel an Selbstvertrauen, Insuffizienz (→ Glossar, Seite 242), Ärger

Ursachen: Dominanzproblem, Angst, körperliche Anstrengung, Leber und Nieren

Verhalten: Eigentlich eher feige, unsichere, ängstliche Tiere; wenn ihnen aber keine Grenzen gesetzt werden und da sie durchaus auch aggressiv sind, können sich aus ihnen bei entsprechender Umgebung, Veranlagung und Rasse kleine Diktatoren entwickeln; beißen gern aus dem Hinterhalt; oft schlechte Laune; müde, launisch, lustlos; oft Rüden. Das Launenhafte zeigt sich aber auch bei ansonsten eher unsicheren Tieren, wenn sie erkrankt sind. Sie können keinen Widerspruch ertragen; werden schnell zornig, drohen aber immer zuerst, bevor sie angreifen. Nachtragend; Abneigung gegen bestimmte Individuen möglich; mögen keine Zudringlichkeit; geräuschempfindlich. Da Lycopodium-Hunde immer etwas Angst haben, gehört das Mittel zu den Arzneien bei Angstbeißen. Sie sind misstrauisch bei Fremden; haben gern Rituale, vor allem bei Pflege und Fütterung; pingelig. Sie können eitel sein. Sie sind nicht gern allein, suchen die Nähe, es darf aber nicht zu nahe sein. Bei entsprechend konsequentem Besitzer gehorchen sie sehr gut. Werden krank bei ständiger Unterdrückung. Morgenmuffel. Gesunde, v.a. junge Hunde können sehr freundlich und charmant sein.

Allgemeine Symptome: Sehr wählerisch beim Fressen; neigen dazu, sich einseitig zu ernähren; fressen nichts, was sie nicht kennen, oder aber sie fressen plötzlich ein bekanntes Futter nicht mehr und wollen etwas Neues; kranke Tiere gehen zum Futter, riechen, fressen einige Bissen und gehen dann »angewidert« wieder weg. Fressen gern Unverdauliches, v.a. Steine. Fressen oft lieber nachts.

Körperliche Symptome: Chronisch kranke Tiere sehen alt aus, werden früh grau. Sie sind eher dünn. Alle Erkrankungen sind hartnäckig und kommen gern wieder.

Hunde sind leicht erschöpft. Atemwege: Neigung zu Erkältung bei Temperaturwechsel, reichlich Nasenausfluss, schleimig, grünlich-gelblich, chronisch. Verdauungsapparat: Kot gelblich braun, Neigung zu Blähungen, Durchfall bei Stress, Neigung zu Verstopfung; fressen trotz Hunger nur wenige Bissen; fressen gern Süßes und Brot, auch gern Obst und Gemüse; bevorzugen manchmal vegetarische Ernährung; manchmal Gallensteine, Lebererkrankungen. Harnapparat: Urin dunkel, Nieren-, Blasensteine, Harngrieß. Haarkleid: oft schuppig, vor allem zwischen den Schulterblättern, Haarbruch. Haut: schlechte Heiltendenz. Geschlechtsorgane: Rüden sind sexuell sehr interessiert, aber oft impotent; Hündinnen lassen sich ungern decken. Viele Probleme können rechts stärker ausgeprägt sein.

➤ **Hinweis:** Wenn Sie folgendes Symptom finden, ist es ein deutlicher Hinweis für Lycopodium: Ein Fuß ist warm (meist rechts), der andere kalt. Die Reaktion/Heilung kann langsam eintreten.

Verschlimmerung: durch Nässe, Kälte, Stress, morgens, zwischen 16 und 20 Uhr, durch Widerspruch, Geräusche
Besserung: durch langsame Bewegung, warmes Futter oder Wasser, Autofahren
Typ: häufig beim Deutschen Schäferhund
➤ **Potenz, Dosierung:** D6, 3 x 1 Dosis; C30, 1 x 1 Dosis; D200, C200, 1 x 1 Dosis nach Bedarf (→ Seite 55, 167)
Selbstbehandlung: Angst vor Geräuschen (→ Seite 162); Erkrankungen der Nieren und Harnleiter (→ Seite 97); Erkrankungen von Leber und Gallenblase (→ Seite 89); Perverser Appetit (→ Seite 157); Pfotennagen (→ Seite 162); Vermehrte Aggression (→ Seite 163)

Natrium chloratum
(auch Natrium muriaticum, Natriumchlorid, Kochsalz)

Essenz: zurückhaltend, stiller Kummer
Ursachen: Stress, Kummer; Angst als Folge von Kummer, Verlust von Bezugspersonen oder -tieren (chronisch, d.h., das auslösende Ereignis liegt schon länger

zurück, ist nicht mehr unbedingt feststellbar – im Gegensatz zu Ignatia, → Seite 172, bei dem ein direkter Zusammenhang zur Ursache feststellbar ist; Allergie; Infektion; gestörter Flüssigkeits- und Mineralstoffhaushalt; Stoffwechselstörungen; einseitige Ernährung

Verhalten: Die Hunde setzen in Anwesenheit anderer nicht oder nur ungern Urin oder Kot ab (z. B. nicht an der Leine oder nur dann, wenn sie ihr Hinterteil in ein Gebüsch halten können); stark personenbezogen, meist nur auf eine Person oder auch einen anderen Hund; abweisend und ängstlich gegenüber Fremden, lassen sich nur ungern streicheln und bürsten. Können gut allein sein. Sind heimlich unsauber; eigenwillig, selbstbewusst, pflichtbewusst; oft aber auch still, depressiv; überempfindlich; nachtragend; können aber mitfühlend sein bei Kummer anderer. Abneigung gegen das andere Geschlecht und andere Hunde möglich. Aggression als Folge von Überforderung, Kränkung, Kummer oder Angst. Schlichten gern. Lecken gern die nackten Füße der Besitzer – Verlangen nach Salzigem.

Körperliche Symptome: Augen, Nase, Maul, Hals: reichlich wässriges Sekret oder auch Nase verstopft, trocken – oft im Wechsel; Linsentrübung. Verdauungsapparat: Durchfall oder Verstopfung; fressen gern Kaltes, trinken viel; Abmagerung trotz gutem Appetit. Haut, Haare: schuppig, trocken, juckend; Haarausfall nach der Geburt; schlecht heilende Wunden; Neigung zu Lefzenekzem. Hündinnen können inkontinent sein.

Typ: eher schlank trotz gutem Appetit oder aufgeschwemmt durch Störungen im Mineralstoffwechsel und Flüssigkeitshaushalt

Verschlimmerung: durch Nässe, Kälte, Sonne, Trost, von 9 bis 11 Uhr

Besserung: an frischer Luft

➤ **Potenz, Dosierung:** D12, 1 x 1 Dosis; D30 und höher nach Bedarf (→ Seite 55, 167)

Selbstbehandlung: Angst (→ Seite 160); Angst vor dem Alleinsein (→ Seite 161); Heimweh, Trauer (→ Seite 155); Perverser Appetit (→ Seite 157); Unsauberkeit (→ Seite 158)

NATRIUM CHLORATUM

Fallbeispiel aus meiner Praxis
Hündin Micky, Rauhaarteckel, schwarz, 1 Jahr
Grund des Besuchs: Micky frisst nicht.

Untersuchung: Micky ist stark abgemagert, aber munter; der Pflegezustand ist mäßig. Sie hat eine geringgradige Ohrenentzündung, leichte wässrige Bindehautentzündung und volle Analdrüsen. Ansonsten ist alles in Ordnung.

Anamnese: Wurde vor 5 Wochen aus einer Familie übernommen. Abgabegrund unbekannt. Sie fraß zunächst, aber schlecht. Da sie im Haus immer wieder heimlich Urin absetzte, kam sie in den Zwinger, durfte aber bei außerhäuslichen Aktivitäten der Familie immer mit. Sie fraß daraufhin überhaupt nicht mehr, außer etwas Kuchen. Sie ist sehr lieb, verträgt sich auch mit anderen Hunden.

Diagnose: Kummer

Therapie: Natrium chloratum D12, 1 x 1 Dosis. Nach einer Gabe frisst sie abends wieder. Sie bekommt weiter 2 Wochen Natrium chloratum, darf wieder ins Haus und ist auch nicht mehr unsauber. Sie hat sich gut eingelebt, es treten später keine Probleme mehr auf.

Nux vomica
(Strychnos nux-vomica, Brechnuss)

Essenz: aggressiv, selbstsicher, nervöse Erschöpfung, übererregbar
Ursachen: Aufnahme von Gift, unverträglichen Medikamenten, Fressen von verdorbenem oder falschem Futter; Infektionen; Aufregung; Eifersucht, Verspannung, schlechte Erfahrung, Ärger; nicht artgerechte Haltung
Verhalten kranker Hunde: Sind eifersüchtig, vor allem, wenn neue Mitbewohner (Mensch oder Tier) ins Haus kommen und man sich nicht genug um sie kümmert oder wenn man draußen einen anderen Hund streichelt; plötzliche, oft übermäßige Aggression, häufig nur durch Kleinigkeiten ausgelöst; unwillkürlicher Harn- oder Kotabsatz aus Angst oder Schreck; boshaft, setzen Urin-

und Kotmarken gezielt, damit man ihren Unmut nicht übersieht; reagieren mit Aggression auf Angst; Angst vor Geräuschen, Lichtblitzen, Berührung; lassen sich nicht gern festhalten. Oft Hunde, die Besuch erst hineinlassen und dann von hinten in die Beine beißen, wenn er geht. Beim Tierarzt sehr verspannt auf dem Tisch; können beißen. Sind ungern allein.

Verhalten gesunder Hunde: sind selbstbewusst, kämpferisch, wachsam, charmant, liebenswürdig, intelligent, mitfühlend

Allgemeine Symptome: Morgenmuffel; fressen gern und viel, trinken wenig

Körperliche Symptome: Atmungsapparat: trockener Husten. Verdauungsapparat: aufgekrümmter Rücken, übel riechender Durchfall mit viel Luft, Blähungen, Schmerzen im Bauchbereich, Krämpfe, Erbrechen; fressen gern und hastig; Durchfall nach Aufregung; Verstopfung, Lähmung – versuchen ständig Kot abzusetzen; Mundgeruch; bei Reisekrankheit unruhig, springen umher oder stehen steif und hecheln, jaulen, Kotabsatz, Erbrechen. Bewegungsapparat: aufgekrümmter Rücken, stark verspannte Muskulatur, der Bauch ist verspannt und hart. Geschlechtsapparat: sehr aktiv; sehr am anderen Geschlecht interessiert, insbesondere Rüden streunen daher viel. Nervensystem: epileptiforme Anfälle (→ Glossar, Seite 241) nach Narkose, Aufregung, Medikamenten; spastische Lähmung der Hinterbeine, die Beine werden nach vorn unter den Bauch geschoben und sind steif; schmerzempfindlich.

➤ **Hinweis:** häufig gebrauchtes Mittel bei Dackellähme, bei Durchfall nach Fressen falscher Nahrung

Verschlimmerung: morgens, nach Aufregung, durch Berührung, Geräusche, nach dem Fressen, durch Kälte, trockenes Wetter, Fressen von Fettigem, Autofahren

Besserung: durch Wärme, abends, durch vertraute Umgebung, Ruhe

➤ **Potenz, Dosierung:** D6, 3 x 1 Dosis; D30 und höher nach Bedarf (→ Seite 55, 167)

Selbstbehandlung: Angst vor dem Alleinsein (→ Seite 161); Angst vor Geräuschen (→ Seite 162); Erbrechen,

Durchfall (→ Seite 82); Erkrankungen der Wirbelsäule (→ Seite 120); Erkrankungen des Nervensystems (→ Seite 123); Perverser Appetit (→ Seite 157); Pfotennagen, psychogenes Jucken (→ Seite 162); Reisekrankheit (→ Seite 155); Unsauberkeit (→ Seite 158); Vermehrte Aggression (→ Seite 163); Vergiftungen (→ Seite 149)

Phosphorus
(gelber Phosphor)

Essenz: schnell entflammt, heftig, aber nicht anhaltend
Ursachen: psychische und physische Überanstrengung, Nervosität
Verhalten: Angst vor Geräuschen, erschrecken leicht, können auf Angst mit Aggression reagieren, wenn keine Fluchtmöglichkeit besteht; eifersüchtig, arrangieren sich aber; schmusen gern, liegen gern in Kontakt, sind freundlich; temperamentvoll, lustig, leistungswillig, arbeiten gern; zerstören Dinge; sind ungern allein; Mangel an Selbstvertrauen; spielen gern und ausdauernd, brauchen aber ab und zu eine kurze Pause; lassen sich gut erziehen, lernen schnell, vergessen auch schnell, müssen daher öfter nachgeschult werden; unkonzentriert. Schauspieler. Bellen viel. Suchen Aufmerksamkeit.
Allgemeine Symptome: sind überempfindlich gegen Geräusche, Gerüche, Licht; haben sehr gute Kondition, sind nach kurzer Pause wieder einsatzbereit; sind frühreif; Morgenmuffel; schwimmen gern
Körperliche Symptome: Alle Erkrankungen beginnen plötzlich; Hunde bluten leicht; fressen gern häufiger in kleinen Mengen, vor allem gegen Abend oder nachts; Futter sollte Fleisch enthalten; trinken reichlich, gern fließendes Wasser; bei Fieber trinken sie nicht, fressen aber. Atemwege: gelblich-grünlicher Ausfluss mit Blut, trockener Husten, Husten oder Würgen mit blutigem Schleim. Magen/Darm: kaltes Wasser wird wieder erbrochen, sobald es im Magen warm geworden ist; wässriger Durchfall mit fauligem Geruch, Blutbeimengungen. Leber: Degeneration (→ Seite 241), Entzündung. Nieren: Degeneration, Entzündung. Geschlechtsapparat: über-

aktiv, Rüden masturbieren viel; Hündinnen sind lange läufig. Früh geschlechtsreif. Haut: neigen zu Reaktionen bei Injektionen. Verhalten: neigen zu psychogenem Juckreiz. Nervensystem: Epilepsie nach Übererregung oder Lichtblitzen. Verletzungen: bluten schnell, stark. **Typ:** eher unruhig, nervös, schlank, sehr aktiv, neugierig. Häufig hochbeinig, langer Kopf, schmaler Brustkorb, oft sehr schöne Hunde. Sehr gute Sportler. Oft feines, weiches, glänzendes Haarkleid, häufig hell oder mit Rotanteil (soweit bei der Rasse möglich!). Augen häufig hellbraun. Viele Boxer, Setter, Kleine Münsterländer
Verschlimmerung: durch Alleinsein, geistige oder körperliche Anstrengung, Kälte, Sonnenwärme
Besserung: durch kaltes Futter und Wasser, Wärme, Streicheln, Trost, Ruhe, Schlaf, frische Luft
➤ **Potenz, Dosierung:** C30, 1 x 1 Dosis; D200, C200 und höher nach Bedarf (→ Seite 55, 167)
Selbstbehandlung: Angst vor dem Alleinsein (→ Seite 161); Angst vor Geräuschen (→ Seite 162); Pfotennagen, psychogenes Jucken (→ Seite 162)

Pulsatilla
(Pulsatilla pratensis, Küchenschelle)

Essenz: »typisch weiblich«, widersprüchlich
Ursachen: Störung im Venensystem, verlangsamter Stoffwechsel, hormonell bedingt
Verhalten: Hunde sind lieb, ängstlich, anhänglich, liebesbedürftig mit mangelndem Selbstbewusstsein, sanft, schmusig. Sie zeigen Eifersucht gegenüber fremden Tieren und Menschen, wenn ihr Mensch sich nicht genug um sie kümmert (aber nie aggressiv, die Eifersucht äußert sich eher in Dazwischendrängen); fordern Zuwendung ein. Sind vorsichtig, sensibel. Meist jüngere Hündinnen; sie wollen nicht allein sein. Sehr gehorsam, lassen sich leicht erziehen. Unproblematisch mit anderen Menschen und Hunden. Neigung zum Hypochonder.
Allgemeine Symptome: Die Hunde fressen gern, sie sind dadurch mollig und neigen stark zur Verfettung. Sie trinken wenig. Die Symptome wechseln gern.

Körperliche Symptome: Schleimhäute: gelbliches oder gelblich grünes Sekret, cremig, nicht wund machend. Geschlechtsapparat: empirische Erfahrung bei der Geburt – unterstützt die Hormonumstellung zur Geburtseinleitung, die Gebärmutter öffnet sich besser, die Geburt wird erleichtert. Scheinträchtigkeit mit geschwollenem Gesäuge, reichlich Milch; die Hündin ist sehr liebesbedürftig, will nicht allein sein; ist träge; Gebärmutterentzündung mit gelblichem oder gelblich grünem, cremigem, nicht wund machendem Ausfluss; auch bei der Scheidenentzündung ohne Gebärmutterbeteiligung der noch nicht läufig gewesenen Junghündin; Hündinnen haben eher schwache Läufigkeiten, sie bluten lange, die Läufigkeitsintervalle sind häufig verlängert, eher 7 bis 9 Monate. Fürsorgliche Mütter, geben viel Milch, können daher zu Eklampsie (→ Glossar, Seite 241) neigen. Kot: häufig von wechselnder Konsistenz und Farbe. Harnapparat: neigen zu Inkontinenz nach der Kastration; häufig auch unwillkürlicher Urinabgang bei Angst, Freude oder Unterwerfung. Blasenentzündung durch Nasswerden. Hautprobleme meist hormonell bedingt.

➤ **Besonderheiten:** Oft widersprüchliche und ständig wechselnde körperliche Symptome; die Hunde frieren leicht, vertragen aber trotzdem keine Wärme.

Typ: rundlich, kräftig, weiches Fell, hübsch

➤ **Hinweis:** Bei Hündinnen dieses Typs besser keine Kastration oder Läufigkeitsunterdrückung durchführen.

Verschlimmerung: durch fettes Futter, durch Wärme, Feuchtigkeit, Nasswerden

Besserung: im Freien, an kühler, frischer Luft, durch Trost, abends, durch Bewegung, kalte Umschläge

➤ **Potenz, Dosierung:** D4, D6, 3 x 1 Dosis; D30 und höher nach Bedarf (→ Seite 55, 167)

Selbstbehandlung: Angst (→ Seite 160, 161); Bindehautentzündung (→ Seite 56); Erkrankungen von Nase, Hals, Rachen und Nebenhöhlen (→ Seite 70); Gebärmutterentzündung (→ Seite 105); Inkontinenz nach Kastration (→ Seite 108); Penisentzündung (→ Seite 102); Scheinträchtigkeit (→ Seite 107); Unsauberkeit (→ Seite 158); Unterstützung der Trächtigkeit (→ Seite 109)

Sepia
(Sepia officinalis, Tintenfisch)

Essenz: weiblich, unabhängig, haben keine Lust
Ursachen: hormonelle Störungen, psychisch bedingt
(Überforderung)
Ausprägungen: Eher dunkle Hunde, soweit es die Rasse
zulässt, meist Hündinnen. Junge Hündin: arbeitet gern,
ist aber manchmal etwas widersetzlich und stur, selbstbewusst, dominant; sieht rüdenhaft aus: eher groß, be-
muskelt, schlank. Anhänglich, aber nicht schmusig. Erwachsene, etwas ältere Hündin: Sie lässt sich nur von
ausgewählten Rüden decken, andere beißt sie ab. Lässt
sich oft auch nur einmal decken. Säugende Hündin: ist
pflichtbewusst, erzieht die Welpen frühzeitig, sie kann
eher etwas wenig Milch haben. Kann aber auch die
Welpen nicht annehmen oder später genervt sein und
sich nicht mehr um die Welpen kümmern. Verkraftet
häufig den Stress nicht (Überforderung). Alte Hündin:
hat keine Ausdauer mehr, ist matt, lustlos, schlecht gelaunt; das Gesäuge ist hängend, auch wenn sie nie Welpen hatte, auch sonstige Bindegewebsschwächen wie
Senkrücken (→ Glossar, Seite 244)
Allgemeine Symptome: Morgenmuffel. Gern allein.
Lässt sich nicht gern anfassen. Hündinnen können
beim Urinieren markieren wie ein Rüde. Mag keine
engen Halsbänder.
Körperliche Symptome: Geschlechtsapparat: Läufigkeit
eher schwach, Intervalle verlängert; nehmen schlecht
auf; Gebärmutterentzündung mit bräunlichem oder
gelblichem Ausfluss, übel riechend, wund machend.
Haut: Haarausfall symmetrisch durch Hormonstörungen (häufig vor der Läufigkeit, nach Kastration); Neigung zu Warzen. Kreislauf: venöse Schwäche und Stauungen, dadurch Stauungen im Beckenbereich (z. B.
Leber). Kot: manchmal verstopft, manchmal weich.
Harnapparat: Neigung zu Inkontinenz
➤ **Hinweis:** Das Mittel wird auch als das weibliche Nux
vomica bezeichnet.
Verschlimmerung: durch Kälte, Nässe, vor und wäh-

rend der Läufigkeit, nach dem Fressen, morgens, durch zu viel und fettes Futter, Stress

Besserung: durch Wärme, Bewegung, im Freien

➤ **Potenz, Dosierung:** D6, 2 bis 3 x 1 Dosis; D30 und höher nach Bedarf (→ Seite 55, 167)

Selbstbehandlung: Gebärmutterentzündung (→ Seite 105); Inkontinenz nach Kastration (→ Seite 108); Vermehrte Aggression (→ Seite 163)

SEPIA

Fallbeispiel aus meiner Praxis
Hündin Mimi, Rauhaarteckel, dunkelsaufarben, 4 Jahre
Grund des Besuchs: Nach der ersten Trächtigkeit mit 3 Jahren bekam sie Haarausfall rechts und links im Lendenbereich und mittig im Brustbereich auf dem Rücken. Die Haut ist dort schwarz.

Anamnese: Vor der Trächtigkeit hatte sie schwach ausgeprägte Läufigkeiten. Nach der Trächtigkeit bis jetzt folgte eine normale Läufigkeit. Gedeckt wurde sie von einem ihr gut bekannten, erfahrenen Rüden ohne Probleme. Den Wurf hat sie mithilfe ihrer Mutter gut aufgezogen. Milch war gerade ausreichend vorhanden. Das Gesäuge ist jetzt etwas hängend und schlaff. Sie ist eine ausgebildete Jagdhündin, sehr arbeitswillig und ausdauernd. Im Bau stellt sie den Fuchs, ohne Angst zu zeigen. Nach der Arbeit will sie jedoch gelobt werden, sonst ist sie beleidigt und arbeitet nicht mehr gut. Abends besteht sie darauf, sich von den Besitzern zu verabschieden. Sie lebt im Zwinger mit 2 anderen Hündinnen, alle haben aber Familienanschluss und sind meist nur nachts im Zwinger. Mimi ist insgesamt sehr umgänglich, eventuelle Aggressionen werden vom Besitzer aber auch sofort unterbunden.

Diagnose: Hormonelles Ungleichgewicht; eine genauere Diagnostik mit Ultraschall wurde vom Besitzer nicht gewünscht.

Therapie: 1 Gabe Sepia D30. Nach 3 Wochen ist das Haar fast komplett nachgewachsen. Bei Folgewürfen traten keine Probleme mehr auf, sie bekam bei Bedarf immer mal wieder eine Gabe Sepia D30.

Silicea
(Acidum silicicum, Kieselsäure)

Essenz: zart, sensibel, mangelnde Lebenskraft

Ursachen: Schreck, Angst, mangelnde Aufnahme und Verwertung von Nährstoffen, Schwäche des Immunsystems, Überanstrengung

Verhalten: Allgemein unsichere, ängstliche, nachgiebige, sensible, empfindliche Hunde; sind nervös, ungeduldig, vorsichtig, leicht überfordert; haben Probleme, wenn der regelmäßige Ablauf gestört ist, aber nicht so stark wie Arsenicum-album-Hunde (→ Seite 168); brauchen Halt; reagieren auf Stimmungen und Erkrankungen des Besitzers; Heimweh möglich; bei Fremden zurückhaltend und schüchtern, lassen sich ungern anfassen. Haben mit anderen Hunden meist keine Probleme, lassen sich aber leicht unterdrücken, sind die letzten im Rang. Impffolgen: Symptome können vielfältig sein, häufig Durchfall, Fieber oder Eiterungen; oft bei Jungtieren (Entwicklungsstörungen).

Allgemeine Symptome: reagieren empfindlich auf schulmedizinische Medikamente, auf alles Unbekannte; haben leicht Parasiten; sind geräuschempfindlich, intelligent, freundlich, sauber; trinken viel; sind schnell ermüdbar. Silicea fördert die Regeneration von Bindegewebe sowie die Versorgung derselben mit Nährstoffen; fördert die Abstoßung von entzündetem Gewebe

Körperliche Symptome: Welpen entwickeln sich nicht gut, sind im Alter von 6 bis 8 Wochen immer noch sehr zierlich im Vergleich zu gleichaltrigen Welpen; Spätentwickler; meist wechselnder Appetit, anfällig für Durchfälle und Wurmbefall; etwas ängstlich, liegen gern im Warmen; vertragen oft die Muttermilch nicht und erbrechen sie sofort wieder. Fressen evtl. Unverdauliches. Augen: Verklebung des Tränen-Nasen-Kanals, Augen empfindlich, gelber, dicker Eiter, Nachbehandlung von Hornhautnarben; grauer Star. Ohren: Auflösung von Narbengewebe nach Othämatom, narbig verdickte Gehörgänge. Atemwege: wiederkehrende Erkältungen, heilen schlecht aus. Harnapparat: bei Nierensteinen Verminderung von Kolikanfällen, Reduzierung der Steinneubildung. Verdauungsapparat: Kotabsatz in Stücken, umständlich; Durchfälle bei Aufregung. Bewegungsapparat: Bindegewebe, Gelenke, Bänder schwach; Neigung zu Brüchen (z. B. Nabelbruch). Haut: bei Abszess Auflösung von bindegewebigen Strukturen (→ Seite 240), d. h. der Abszesskapsel; schlecht heilende Wunden mit Fistelneigung (→ Seite 242), Eiterungen, hartnäckige Ekzeme, oft Pilzbefall; Krallen sind brüchig und splittern. Nervensystem: Epilepsie nach Impfungen, nachts, bei Mondwechsel. Sekrete: alle Sekrete sind wund machend.

Typ: zierlich, feine Haare, nehmen nicht zu; häufig bei Border Collies, Yorkshire Terrier

Verschlimmerung: durch Trost, nasse Füße, im Winter, durch Kälte, Berührung, Aufregung, geistige Anstrengung, Geräusche, abends und nachts, durch Läufigkeit

Besserung: durch Wärme, Zudecken, im Sommer, im Dunkeln

➤ **Besonderheit:** Die Beschwerden entwickeln sich langsam, und die Heilung tritt langsam ein.

➤ **Potenz, Dosierung:** D6, 2 bis 3 x 1 Dosis; D30 und höher nach Bedarf (→ Seite 55, 165)

Selbstbehandlung: Abszess (→ Seite 127); Angst (→ Seite 160); Grauer Star (→ Seite 61); Harngrieß, Steinbildung (→ Seite 99); Hornhautentzündung (→ Seite 60); Lederohren, Ohrrandekzem (→ Seite 130); Ohrenentzündung (→ Seite 62); Othämatom (→ Seite 64); Penisentzündung (→ Seite 102); Perverser Appetit (→ Seite 157); Pfotennagen (→ Seite 162); Unterstützung der Entwicklung von Welpen (→ Seite 113)

Sulfur

(Schwefel)

Essenz: brennend, extrovertiert, kratzbürstig; Stoffwechselstörung, Körpergeruch

Ursachen: Futtermittelbelastung durch Fertigfutter/Fütterungsfehler; Medikamentenbelastung, auch Impfungen; Therapien, die nicht heilen, sondern unterdrücken; wiederkehrende Infektionen

Verhalten kranker Hunde: sind unruhig, nervös, unkonzentriert, reizbar, streitsüchtig, jähzornig, widerspenstig, depressiv, eifersüchtig; aggressiv v. a. gegen größere Hunde; haben Angst vor ganz speziellen Dingen

Verhalten gesunder Hunde: sind aktiv, dominant, temperamentvoll, freundlich, intelligent

Allgemeine Symptome: säubern sich kaum, sind unsauber, Dreck stört nicht, haben Körpergeruch; liegen eher kühl; haben viel Durst und Hunger; fressen unsauber. Haben Abneigung gegen (sauberes) Wasser, aber nicht gegen Schlamm und Dreck

Körperliche Symptome: Haut: Haarausfall, Schuppen, fettige Haare, Juckreiz, verfilzte Haare, Ekzeme mit wund machenden Sekreten, Unterwolle geht nicht aus; Körperöffnungen gerötet, Haut »brennt«; empfindlich gegen Insektenstiche (Neigung zu Flohstichallergie); neigen zu Pilz- und Parasitenbefall. Neigen zu Schweißfüßen. Verdauungsapparat: Durchfall vor allem morgens, Erbrechen, Verstopfung, fressen gern Gewürztes, nicht so gern Fleisch; an After und Maul leuchtend rote Schleimhäute. Atemwege: trockene, brennende Schleimhäute oder grünlicher Schleim, vor allem morgens. Bewegungsapparat: sind berührungsempfindlich am Rücken. Läufigkeit schwach, zu kurz, unregelmäßig.

➤ **Besonderheit:** Hautsymptome wechseln häufig mit Atemproblemen oder Durchfall ab.

Typ: eher schlank, aber robust und kräftig; sehen schmuddelig aus

Verschlimmerung: durch Wasser, morgens, durch Fressen, Bettwärme, Kälte, Ruhe

Besserung: durch Bewegung, im Freien, bei trockenem, warmem Wetter

➤ **Achtung:** Nicht bei akuten oder stark juckenden Hauterkrankungen anwenden, auch nicht bei Demodex- und Sarkoptesbefall; sofort absetzen, wenn eine Verschlimmerung der Symptome eintritt.

➤ **Potenz, Dosierung:** D6, 2 x 1 Dosis; D12, 1 bis 2 x 1 Dosis; D30 und höher nach Bedarf (→ Seite 55, 167)

Selbstbehandlung: Ausleitungsmittel (→ Seite 132); Haarwechselstörungen (→ Seite 131)

Arzneimittelbilder häufig gebrauchter Arzneien

Im Folgenden finden Sie Mittelbeschreibungen einiger Arzneien, die ich bei den beschriebenen Erkrankungen (→ Seite 56 bis 163) für die Behandlung vorgeschlagen habe. Diese Mittel habe ich mehr als einmal bei der Selbstbehandlung angeführt.

Aconitum
(Aconitum napellus, Blauer Eisenhut)

Ursachen: oft Folge von kaltem Wind, Angst, Schreck
Allgemeine Symptome: Plötzliches Fieber (innerhalb von Stunden), sehr hoch, über 40 °C; rote Schleimhäute, das Herz klopft stark. Trockene Haut und Schleimhäute. Können großen Durst haben. Es sind noch keine weiteren Symptome zu sehen. Die Hunde sind unruhig. Beginn der Erkrankung oft abends oder nachts.
Psychische Symptome: Angst und große Schreckhaftigkeit als Folge von Schreck
Verschlimmerung: durch Berührung
➤ **Potenz, Dosierung:** D4, C30, im Abstand von 30 Minuten 2 bis 3 x 1 Dosis; D30 oder D200, 1 x 1 Dosis (→ Seite 55)
Selbstbehandlung: Angst (→ Seite 160); Fieber bei Infektionen (→ Seite 146)

Allium cepa
(Allium cepa, Küchenzwiebel)

Ursachen: Infektion, Zug
Körperliche Symptome: Gerötete Bindehäute, wässriger Augenausfluss, nicht wund machend (wie beim Zwiebelschneiden); wund machender, wässriger Nasenausfluss, niesen viel, oft anfallsweise.
Verschlimmerung: bei Wärme, beim Hereinkommen in ein warmes Zimmer, abends, nachts
Besserung: im Freien, in der Kälte
➤ **Potenz, Dosierung:** D3, 3 x 1 Dosis (→ Seite 55)

Selbstbehandlung: Bindehautentzündung (→ Seite 56); Erkrankungen von Nase, Hals, Rachen und Nebenhöhlen (→ Seite 70)

Apis
(Apis mellifica, Honigbiene)

Ursachen: Stich, Infektion, Allergie
Körperliche Symptome: Alle Schwellungen sind schmerzhaft, sie sind berührungsempfindlich »wie von einem Bienenstich«. Augen: die Bindehäute sind stark geschwollen, ihre Farbe eher hellrot; die Augen können ganz zugeschwollen sein; wässriger Augenausfluss, Lichtscheue; Schmerzhaftigkeit. Mund: hellrote, weiche Schwellung des Zahnfleischs oder der Maulschleimhäute, die Schleimhaut ist schmerzhaft, berührungsempfindlich; Bläschenbildung. Geschlechtsorgane: Störungen des Zyklus durch Zysten (→ Glossar, Seite 245) am Eierstock (eher rechts), lange Läufigkeit, wird nicht trächtig, lässt sich teilweise auch nicht decken; bei Gesäugeentzündung sind ein oder zwei Gesäugekomplexe betroffen, sie sind weich, leicht gerötet und berührungsempfindlich »wie von einem Bienenstich«. Haut: hellrote, weiche Schwellung der Haut, Neigung zu Blasenbildung.
Verschlimmerung: durch lauwarme/warme Umschläge, Berührung, Druck
Besserung: durch kühle Umschläge, Kälte
➤ **Potenz, Dosierung:** D3, D4, 3 x 1 Dosis (→ Seite 55)
Selbstbehandlung: Bindehautentzündung (→ Seite 56); Gesäugeentzündung (→ Seite 112); Insektenstiche (→ Seite 142); Verbrennungen (→ Seite 139); Zahnfleisch-, Mundschleimhautentzündung (→ Seite 68)

Arnica
(Arnica montana)

Ursachen: Folge von Unfall, Schock, Verletzung, Erschrecken, Blutverlust, Überanstrengung, Überlastung (»Muskelkater«)

Psychische Symptome: psychischer Schock, Tiere verstecken sich, wollen nicht angefasst werden
Allgemeine Symptome: Schmerzhaftigkeit, starke Berührungsempfindlichkeit, Schwäche, Blässe, Bewusstlosigkeit, Bewegungsunlust
Körperliche Symptome: Rötlich oder bläulich verfärbte, weiche Haut. Blutungen im Auge oder in den Bindehäuten nach Augenoperationen. Dicke, warme, weiche Ohrmuschel mit rötlicher Haut, manchmal leicht bläulich, schmerzhaft, der Hund schüttelt den Kopf vorsichtig. Gliedmaße oder Wirbelsäule schmerzt, ist sehr berührungsempfindlich, evtl. Verdickung im Bereich der Verletzung; ein verletztes Bein wird meist hochgehalten oder kaum belastet.
Verschlimmerung: durch Bewegung, Berührung
➤ **Potenz, Dosierung:** D4, D6, 3 x 1 Dosis; C30, 1 x 1 Dosis (→ Seite 55)
Selbstbehandlung: Angst (→ Seite 160); Blasenlähmung (→ Seite 100); Blutergüsse, Prellungen (→ Seite 138); Deckunlust (→ Seite 105); Erkrankungen der Wirbelsäule (→ Seite 120); Erkrankungen des Bandapparats, der Sehnen und Gelenke (→ Seite 116); Erkrankungen des Nervensystems (→ Seite 123); Gehirnerschütterung (→ Seite 141); Herz-Kreislauf-Versagen (→ Seite 76); Operationen (→ Seite 152); Othämatom (→ Seite 64); Schock (→ Seite 136); Unfälle (→ Seite 133); Verbrennung (→ Seite 139); Verletzung des Auges (→ Seite 58)

Belladonna
(Atropa belladonna, Tollkirsche)

Ursachen: Epilepsie, Infektion, Folge von Hitze, Hirnstauung, Hirnhautreizung
Allgemeine Symptome: Apathie, kein Appetit, kein Durst bei Fieber, sonst großer Durst. Überempfindlichkeit aller Sinne. Oft Symptome rechts.
Körperliche Symptome: Augen weit, Pupillen unterschiedlich weit, Augenzittern, hochrote und trockene Bindehaut. Kreislauf: müde, apathisch, Herz klopft stark. Atemwege: rote oder bläulich rote Schleimhäute,

trocken, schmerzhaft; Heiserkeit ohne Schmerzen; trockener, krampfartiger, bellender Husten. Kalte Gliedmaßen, Schweiß an den Fußballen. Die Hunde liegen bei Krämpfen auf der Seite, der ganze Hund zuckt oder einzelne Körperteile, die Beine zum Teil auch steif, Schaum vor dem Maul, Kot- und Harnabsatz. Fieber beginnt plötzlich, jedoch nicht so schnell wie bei Aconitum. Meist steigt das Fieber in maximal einem Tag auf bis zu 40 °C.

Verschlimmerung: durch Berührung, Geräusche, Kälte, Nässe, Licht

Besserung: im warmen Zimmer, bei Ruhe

➤ **Potenz, Dosierung:** D6, im Abstand von 30 Minuten 1 Dosis; alternativ C30, 1 x 1 Dosis (→ Seite 55). Belladonna wirkt auf dem Höhepunkt der Erkrankung.

Selbstbehandlung: Epilepsie (→ Seite 143); Erkrankungen von Nase, Hals, Rachen und Nebenhöhlen (→ Seite 70); Fieber bei Infektionen (→ Seite 146); Hitzschlag, Sonnenstich (→ Seite 151); Schock (→ Seite 136); Zahnwechsel (→ Seite 66); Zwingerhusten (→ Seite 75)

Berberis
(Berberis vulgaris, Gewöhnliche Berberitze)

Ursachen: Infektion, Entzündung

Allgemeine Symptome: Das Befinden wechselt, mal sind die Hunde munter, mal matt, mal sind sie durstig oder hungrig, mal wieder nicht – rascher Wechsel der Symptome.

Körperliche Symptome: Der Hund verliert ab und zu Urin, der Urin ist mal hell, mal dunkel. Schmerzen von Blase und Nieren strahlen in den Bewegungsapparat aus, daher Verspannungen im Rücken und Lahmheit einer Gliedmaße, meist Hinterbeine; Bewegungsunlust möglich; juckende Haut.

Verschlimmerung: durch Bewegung, Stehen

➤ **Potenz, Dosierung:** D4, 3 x 1 Dosis (→ Seite 55)

Selbstbehandlung: Blasenentzündung, Harnröhrenentzündung (→ Seite 95); Erkrankungen der Nieren und Harnleiter (→ Seite 97)

Bryonia
(Bryonia dioica, Rotbeerige Zaunrübe)

Ursachen: Infektion, Entzündung
Allgemeine Symptome: liegen viel, sind schwach, reizbar, haben viel Durst, Fieber
Körperliche Symptome: Trockene Schleimhäute. Trockener, schmerzhafter Reizhusten, Atmung schnell und flach, der Schleim kann nicht ausgehustet werden. Dickes, heißes Gelenk, das betroffene Bein wird evtl. hochgehalten; da Druck bessert, liegen die Hunde oft auf dem betroffenen Gelenk. Wirbelsäule: akute Entzündung im Bereich des betroffenen Wirbelgelenks, akute Schübe bei chronischen Arthrosen; die betroffene Region im Rücken ist dick und warm; der Hund will nicht aufstehen.
Verschlimmerung: morgens, bei Berührung, durch Bewegung, durch Fressen, leichten Druck, Wärme, trockene Kälte
Besserung: durch frische Luft, Ruhe, festen Druck
➤ **Potenz, Dosierung:** D4, D6, 3 x 1 Dosis (→ Seite 55)
Selbstbehandlung: Bronchien- und Lungenentzündung (→ Seite 73); Erkrankungen der Wirbelsäule (→ Seite 120); Erkrankungen des Bandapparats, der Sehnen und Gelenke (→ Seite 116)

Cantharis
(Lytta vesicatoria, Spanische Fliege)

Ursachen: Entzündung
Allgemeine Symptome: brennende Schmerzen
Körperliche Symptome: Bläschen an den Schleimhäuten. Ständiger Harndrang, die Hunde versuchen immer wieder Urin abzusetzen, es kommt aber nichts oder nur wenige, meist blutige Tröpfchen; beim Laufen und Liegen verlieren sie evtl. Urintropfen. Bläschenausschlag (großblasig) auf der Haut, brennende, schmerzhafte Haut, später juckend.
Verschlimmerung: durch Berührung, Kälte, Nässe
Besserung: durch Wärme

➤ **Potenz, Dosierung:** D4, anfänglich alle 2 Stunden 1 Dosis, bei Besserung 3 x 1 Dosis (→ Seite 55)
Selbstbehandlung: Blasenentzündung, Harnröhrenentzündung (→ Seite 95); Verbrennungen (→ Seite 139)

CANTHARIS

Fallbeispiel aus meiner Praxis
Hündin Trixi, Langhaarteckel, rot, kastriert, 4 Jahre
Grund des Besuchs: Trixi hat in der Nacht viele kleine Pfützchen mit Blutbeimengungen auf den Teppich gemacht, bei Tag hat sie ständig Harndrang, es kommt jedoch nur wenig Urin, z. T. auch mit Blut vermischt; man hat den Eindruck, dass der Urinabsatz schmerzt.

Diagnose nach Urinuntersuchung: Blasenentzündung

Therapie: Cantharis D4, 3 x 1 Dosis täglich für 4 Tage. Schon nach 1 Tag zeigt Trixi keine Symptome mehr, bei der Kontrolle nach vier Tagen ist alles in Ordnung, ebenso bei der Kontrolle nach 2 Wochen.

Carbo vegetabilis
(Holzkohle)

Ursachen: Infektion, Folge einer nicht ausgeheilten Erkrankung, die Krankheit besteht schon einige Tage; Flüssigkeitsverlust
Allgemeine Symptome: Die Hunde sind kalt, zeigen große Schwäche.
Körperliche Symptome: Blassbläuliche Schleimhäute. Übel riechende, wässrig-blutige, wund machende Durchfälle mit Blähungen, Durchfall läuft passiv aus dem After.
Verschlimmerung: bei Wärme, durch Zudecken, nachts, abends
Besserung: an frischer Luft
➤ **Potenz, Dosierung:** D8, alle 2 Stunden 1 Dosis bis zur Besserung, dann 3 x 1 Dosis (→ Seite 55); C30, 1 x 1 Dosis nach Bedarf (→ Seite 167)

Selbstbehandlung: Erbrechen, Durchfall (→ Seite 82); Herz-Kreislauf-Versagen (→ Seite 76); Schock (→ Seite 136)

Causticum Hahnemanni
(Ätzstoff Hahnemanns)

Körperliche Symptome: Ohrenentzündung mindestens schon einige Tage alt, meist aber schon chronisch; Sekret hell, honigartig, klebrig. Im Gehörgang Wülste wie glatte Warzen (nur vom Tierarzt mit dem Otoskop festzustellen). Trockener, krampfartiger Husten, trockene Schleimhäute; Husten bzw. trockene Schleimhäute bestehen schon einige Tage; Inkontinenz infolge von Störungen im Nervensystem, auch altersbedingt, oft bei Spondylosen, Dackellähme; Inkontinenz Folge von zu langem Urineinhalten.

Verschlimmerung: durch trockene Luft, Nässe, nachts zwischen 3 und 5 Uhr

Besserung: durch feuchte Luft, Trinken von Kaltem

➤ **Potenz, Dosierung:** D6, 2 x 1 Dosis; Ergebnis kann auf sich warten lassen, deshalb das Mittel länger geben, meist 3 bis 6 Wochen

Selbstbehandlung: Blasenlähmung (→ Seite 100); Bronchien- und Lungenentzündung (→ Seite 73); Inkontinenz (→ Seite 108); Ohrenentzündung (→ Seite 62)

Chamomilla
(Matricaria chamomilla, Echte Kamille)

Häufiges Mittel bei Welpen

Allgemeine Symptome: Schmerzäußerungen scheinen übertrieben, sie stehen in keinem Verhältnis zur Erkrankung; Überempfindlichkeit

Körperliche Symptome: Maul: schmerzhafter Zahnwechsel, fressen nicht, Speichelfluss. Atemwege: Husten nach Aufregung oder beim Zahnen. Verdauungsapparat: Kolik, schleimiger Durchfall mit Geruch nach faulen Eiern als Folge von Ärger oder Zahnen. Nervensystem: epileptiforme Anfälle (→ Glossar, Seite 241).

Verschlimmerung: durch Berührung, nachts, durch Trost, im Freien, durch Ärger, Wärme
Besserung: durch Umhertragen und -fahren, durch lokale Wärme bei Kolik, leichte Bewegung, Trinken von kaltem Wasser
➤ **Potenz, Dosierung:** D3, alle 30 Minuten bis 2 Stunden 1 Dosis (→ Seite 55); C30 und höher, 1 x 1 Dosis nach Bedarf (→ Info, Seite 167)
Selbstbehandlung: Koliken im Bauch (→ Seite 89); Sodbrennen (→ Seite 88); Zahnwechsel (→ Seite 66)

Chelidonium
(Chelidonium majus, Schöllkraut)

Ursachen: Infekte, Degeneration (→ Glossar, Seite 241)
Allgemeine Symptome: Einerseits unruhig und gereizt, andererseits schläfrig nach dem Aufwachen und Fressen.
Körperliche Symptome: Gelbliche Schleimhäute. Blähungen, Kot ist gelblich bis orange, wässrig; schmerzhafter Bauch, Rücken aufgekrümmt. Urin wie dunkles Bier.
Verschlimmerung: frühmorgens, bei Berührung, an frischer Luft, bei Aufregung, durch Bewegung, Wetterwechsel, fette Nahrung
Besserung: nach dem Fressen (vor allem von warmem Futter und Wasser), in Ruhe, durch Wärme
➤ **Potenz, Dosierung:** D4, D6, 3 x 1 Dosis (→ Seite 55)
Selbstbehandlung: Erbrechen, Durchfall (→ Seite 82); Erkrankungen von Leber und Gallenblase (→ Seite 89)

Cuprum aceticum, Cuprum metallicum
(Kupferacetat, metallisches Kupfer)

Ursachen: Degeneration, Folge von anderen Erkrankungen (Ursache für Epilepsie ist oft unklar)
Leitsymptom (→ Glossar, Seite 243): Krämpfe
Allgemeine Symptome: Der Hund schreit zu Beginn der epileptischen Krämpfe; Krämpfe fangen an den Füßen an und breiten sich von da aus; Anfälle erfolgen aus dem Schlaf heraus; Schaum vor dem Maul, oft in regelmäßigen Abständen; Füße kalt. Trockener, krampf-

artiger, quälender Husten mit Würgen, ohne Schleim, asthmaähnliche Symptome.
➤ **Besonderheit:** Kopf und Hals werden nach vorn und unten gestreckt.
Verschlimmerung: bei Neumond, in der Nacht, durch Berührung, kalte Luft (Husten)
Besserung: durch Trinken von kaltem Wasser
➤ **Potenz, Dosierung:** D6, 2 bis 3 x 1 Dosis (→ Seite 55)
Selbstbehandlung: Cuprum aceticum: Bronchien- und Lungenentzündung (→ Seite 73); Epilepsie (→ Seite 143) Cuprum metallicum: Epilepsie (→ Seite 143)

Euphrasia
(Euphrasia officinalis, Augentrost)

Ursachen: Infektion
Körperliche Symptome: stark gerötete Bindehäute der Augen, wässriges Augentränen, wund machender (daher evtl. juckender), schmerzhafter Ausfluss; Lichtempfindlichkeit; milder wässriger Nasenausfluss
Verschlimmerung: abends
Besserung: in der Dunkelheit
➤ **Potenz, Dosierung:** D2, D3, 3 x 1 Dosis (→ Seite 55)
Selbstbehandlung: Bindehautentzündung (→ Seite 56); Erkrankungen von Nase, Hals, Rachen und Nebenhöhlen (→ Seite 70); Hornhautentzündung (→ Seite 60)

Hepar sulfuris
(Kalkschwefelleber, Hahnemanns Calciumsulfid)

Ursachen: Infektion, Entzündung
Allgemeine Symptome: Fieber oder erhöhte Temperatur, große Empfindlichkeit, Eiterungsneigung
Körperliche Symptome: Schnell entstandene, akute Eiterung der Haut, starke Schmerzhaftigkeit, große Berührungsempfindlichkeit; die Sekrete sind gelblichgrünlich oder wässrig. Akute Eiterung der Atemwege, gelbliches oder grünliches, wund machendes Sekret; Hunde bekommen keine Luft, schniefen; alle Sekrete riechen nach altem Käse.

Verschlimmerung: trockene Kälte, Berührung, morgens
Besserung: bei Wärme, feuchtem Wetter
➤ Potenz, Dosierung: D8, 2 bis 3 x 1 Dosis (→ Seite 55)
Selbstbehandlung: Erkrankungen von Nase, Hals, Rachen und Nebenhöhlen (→ Seite 70); Infizierte Wunden, Ekzeme, Hot Spot (→ Seite 126); Ohrenentzündung (→ Seite 62); Penisentzündung (→ Seite 102)

Hypericum
(Hypericum perforatum, Johanniskraut)

Ursachen: Nervenverletzung
Körperliche Symptome: Kopfschmerzen bei Gehirnerschütterung, Erbrechen. Schmerzhafte Gliedmaße, Lahmheit, an den Vorderbeinen z. B. Radialislähmung; es kommt zu unterschiedlichen Lähmungen in diesem Bereich. Schießender, plötzlicher Schmerz. Bei Nervenquetschung und Leitungsstörung am Rücken (z. B. Dackellähme) Schmerzen bei bestimmten Bewegungen.
Verschlimmerung: durch Feuchtigkeit, Berührung, bei Kälte, durch Bewegung, Hinlegen
Besserung: durch Hinsetzen
➤ Potenz, Dosierung: D6, stündlich 1 Dosis bis zur Besserung, dann 3 x 1 Dosis (→ Seite 55)
Selbstbehandlung: Erkrankungen des Nervensystems (→ Seite 123); Gehirnerschütterung (→ Seite 141)

Ipecacuanha
(Uragoga ipecacuanha, Brechwurzel)

Ursachen: Infektion, Entzündung, Vergiftung
Allgemeine Symptome: Schwäche
Körperliche Symptome: Atemwege: Erkrankungen beginnen mit anfallartigem Würgen, was sich später zu krampfhaftem Husten entwickelt; der Husten kann zum Erbrechen führen; schleimiges Sekret, Heiserkeit möglich. Verdauungstrakt: Magenschleimhautentzündung mit Erbrechen, evtl. mit Blutstreifen; Schwäche; Erbrechen von unverdautem Futter; manchmal mit Darmkrämpfen, dünnem, schaumigem Durchfall.

Verschlimmerung: durch Bewegung
Besserung: im Freien, durch Ruhe
➤ **Potenz, Dosierung:** C30, 1 x 1 Dosis (→ Seite 55)
Selbstbehandlung: Bronchien- und Lungenentzündung
(→ Seite 73); Erbrechen, Durchfall (→ Seite 82); Vergiftungen (→ Seite 149)

Mercurius solubilis Hahnemanni
(Quecksilber nach Hahnemann)

Ursachen: Infektion, Entzündung; falsches Futter
Allgemeine Symptome: viel Durst auf Kaltes; Fieber
Körperliche Symptome: Augen: Bindehäute geschwollen, gerötet und schmerzhaft; dünnflüssiges, wund machendes, grünlich-eitriges Sekret mit unangenehmem Geruch aus den Augen; Lichtscheue; Hornhautgeschwür, oft bei Herpesinfektionen. Ohren: Haut gerötet, Geschwüre, helle, dünnflüssige, wund machende Beläge im Ohr mit unangenehmem Geruch, schmerzhaft. Mundraum: Zahnfleisch am Zahnrand gerötet oder/und sonstige Schleimhäute gerötet, schmerzhaft, leicht blutend, unangenehmer Mundgeruch, speicheln (häufig sekundär bei Zahnsteinansatz). Mandeln gerötet und geschwollen, Rachen gerötet, im Rachen helle Beläge, dünnflüssiges und wund machendes Sekret mit unangenehmem Geruch, schmerzhaft; evtl. Geschwüre im Rachen, Schluckbeschwerden; evtl. Heiserkeit. Verdauungstrakt: evtl. Erbrechen; starker Durchfall, Blutbeimengungen sind möglich, wund machend, der After ist hochrot und entzündet; der Hund leckt am After, er versucht oft noch Kot abzusetzen, ohne dass etwas kommt. Harnapparat: blutiger, wund machender Urin, Harndrang, aber nicht so stark wie z. B. bei Cantharis; die Blase schmerzt. Geschlechtsorgane: Penis mit geschwollener, geröteter Schleimhaut, evtl. mit kleinen Geschwüren, dünnflüssiges, wund machendes, grünlich-eitriges Sekret mit unangenehmem Geruch. Haut: gerötet, Geschwüre, helle, dünnflüssige, wund machende Beläge mit unangenehmem Geruch, schmerzhaft. Alle Entzündungen sind einige Tage alt. Die Tiere sind oft unruhig.

Verschlimmerung: bei Wärme und Kälte (Hunde vertragen keine extremen Temperaturunterschiede), nachts
Besserung: in Ruhe, durch kühles Futter
➤ **Potenz, Dosierung:** D8, 2 x 1 Dosis (→ Seite 55)
Selbstbehandlung: Infizierte Wunden, Ekzeme, Hot Spot (→ Seite 126); Bindehautentzündung (→ Seite 56); Blasenentzündung, Harnröhrenentzündung (→ Seite 95); Erbrechen, Durchfall (→ Seite 82); Erkrankungen der Nieren und Harnleiter (→ Seite 97); Erkrankungen von Nase, Hals, Rachen und Nebenhöhlen (→ Seite 70); Hornhautentzündung (→ Seite 60); Ohrenentzündung (→ Seite 62); Zahnfleisch-, Mundschleimhautentzündung (→ Seite 68); Penisentzündung, Präputialkatarrh (→ Seite 102)

MERCURIUS SOLUBILIS HAHNEMANNI

Fallbeispiel aus meiner Praxis
Rüde Benjii, mittelgroßer Mischling, 5 Jahre
Grund des Besuchs: Benjii hat seit 4 Tagen Durchfall, von einem Tierarztkollegen wurde er erfolglos vorbehandelt.

Symptome: Durchfall zunächst schleimig, jetzt auch blutig, wund machend. Der After ist gerötet. Benjii versucht immer wieder Kot abzusetzen, ohne dass etwas kommt.

Therapie: Mercurius solubilis Hahnemanni D8, 2 x 1 Dosis. Nach 2 Tabletten ist der Kot in Ordnung. Sicherheitshalber bekommt Benjii noch einige Tage Diät und auch die Tabletten noch 2 Tage länger.

Plumbum aceticum

(Bleiacetat)

Ursachen: Probleme am Rückenmark
Körperliche Symptome: Hartnäckige Verstopfung, Kot in Form von kleinen, harten Ballen. Blasenlähmung mit Unvermögen, Harn abzusetzen (spastisch, → Glossar, Seite 245) oder mit passivem Urinverlust. Schlaffe Lähmung, wobei die Hinterbeine hinterhergezogen werden;

oder der Hund kann nur noch wackelig laufen. Verliert evtl. ab und zu etwas Kot oder Urin.

Verschlimmerung: nachts, durch Kälte, Bewegung
Besserung: durch Strecken der Gliedmaße, festen Druck, Wärme
➤ **Potenz, Dosierung:** D8, 2 x 1 Dosis (→ Seite 55)
➤ **Besonderheit:** *Das Mittel wirkt langsam, geben Sie es daher mehrere Wochen lang; auf Blasen- und Darmlähmung achten, der Hund setzt dann keinen Kot und Urin ab; Sie müssen den Hund dann dem Tierarzt vorstellen.*
Selbstbehandlung: Blasenlähmung (→ Seite 100); Erkrankungen des Nervensystems (→ Seite 123)

Rhus toxicodendron
(Giftsumach)

Ursachen: Verletzung, Verspannung, Allergie, Zug, Überanstrengung, Durchnässung
Körperliche Symptome: Bewegungsapparat: Zerrungen an Bändern und Sehnen, die meist bereits einige Tage alt sind oder chronisch immer wiederkehren; Lahmheit, die beim Aufstehen am schlimmsten ist und sich bei längerem Laufen bessert; nach zu langem Laufen wird sie jedoch wieder schlechter; bei Rückenproblemen versuchen die Hunde, den Rücken gegen etwas Hartes zu drücken, sie liegen gern hart. Rhus toxicodendron kann wie Silicea lose Bänder und Sehnen – vor allem am Knie – festigen. Haut: starker Juckreiz, Rötung, Bläschen, die auch nässen oder eitern können.
➤ **Hinweis:** Rhus toxicodendron ist neben Bryonia und Harpagophytum ein häufig gebrauchtes Mittel für die Behandlung von Borreliosefolgen.
Verschlimmerung: bei Nässe und Kälte, durch Ruhe
Besserung: bei Wärme, durch Bewegung (anfänglich)
➤ **Potenz, Dosierung:** D6, 2 x 1 Dosis; D12, 1 x 1 Dosis (→ Seite 55)
Selbstbehandlung: Allergische Reaktionen, örtlich begrenzt (→ Seite 129); Erkrankungen der Wirbelsäule (→ Seite 120); Erkrankungen des Bandapparats, der Sehnen und Gelenke (→ Seite 116)

RHUS TOXICODENDRON, SYMPHYTUM, CALCIUM PHOSPHORICUM

Fallbeispiel aus meiner Praxis
Hündin Emma, weißer Schäferhund, 8 Monate
Grund des Besuchs: Lahmheit

Untersuchung: Emma lahmt seit einigen Tagen auf dem linken Hinterbein. Aufstehen ist am schlimmsten, danach läuft sie sich ein. Der Kniebereich ist etwas schmerzhaft. Da die Hündin sehr lebhaft ist, wird zunächst eine Zerrung diagnostiziert, aber mit der Auflage an die Besitzer, wegen der Möglichkeit von Wachstumsstörungen die Hündin zu beobachten und ggf. wieder vorzustellen. Emma bekommt zunächst Rhus toxicodendron D6, 3 x 1 Dosis. Daraufhin verschwindet die Lahmheit. Sie wird 2 Monate später wieder vorgestellt, da immer wieder Lahmheiten an verschiedenen Beinen auftreten. Im Augenblick lahmt sie vorne rechts. Das Bein ist im Oberarmbereich schmerzhaft.

Diagnose: Panostitis (→ Seite 244) im Röntgenbild

Therapie: Wegen ihrer Konstitution – sie ist schlank, lebhaft, schnell gewachsen, etwas ängstlich, hat aber keine durchtrittigen Gelenke oder Bindegewebsschwächen – bekommt sie Calcium phosphoricum D12, 1 x 1 Dosis, und zur Unterstützung des Knochenstoffwechsels Symphytum D8, 2 x 1 Dosis. Nach einem Monat ist der Oberarm bei der Untersuchung nur noch geringfügig schmerzhaft, die Lahmheiten waren schon nach einer Woche verschwunden. Sie bekommt Calcium phosphoricum D12, 1 x 1 Dosis, noch 2 Monate weiter. Es treten keine weiteren Probleme mehr auf. Bei der Röntgenuntersuchung auf HD und ED 1 Jahr später sind an den Knochen keinerlei Veränderungen mehr zu sehen; sie wird HD- und ED-frei befundet.

Solidago

(Solidago virgaurea, Goldrute)

Der Einsatz erfolgt empirisch, wenn Leber und Niere betroffen sind und man kein anderes Mittel bzw. Konstitutionsmittel findet; auch als Zwischenmittel, wenn sich Symptome ändern oder neue Symptome auftreten.

Ursachen: Entzündung, Vergiftung, altersbedingte Degeneration (→ Glossar, Seite 241)
➤ **Potenz, Dosierung:** D2, 3 x 1 Dosis (→ Seite 55)
Selbstbehandlung: Ausleitungsmittel (→ Seite 132); Erkrankungen der Nieren und Harnleiter (→ Seite 97); Erkrankungen von Leber und Gallenblase (→ Seite 89)

Symphytum
(Symphytum officinale, Beinwell)

Fördert Knochenheilung und Knochenstoffwechsel, kräftigt Bänder und Sehnen im Frakturbereich.
Ursachen: Fraktur; Verletzungen, Blutungen und Prellungen der Knochenhaut und daraus folgende Überbeine (Exostosen), Knochenauftreibung nach Infektion
Körperliche Symptome: Auge: schmerzhafte Verletzung nach Schlag mit einem stumpfen Gegenstand, etwa ein Bluterguss ums Auge oder in der vorderen Augenkammer, wenn Arnica nicht hilft. Knochenbruch.
➤ **Potenz, Dosierung:** D8, 2 x 1 Dosis (→ Seite 55)
➤ **Wichtig:** Bitte nur die Potenz D8 nehmen!
Selbstbehandlung: Knochenbruch (→ Seite 115); Verletzung des Auges (→ Seite 58)

Veratrum album
(Weiße Nieswurz)

Ursachen: Infektion, Herz-Kreislauf-Probleme
Allgemeine Symptome: Schleimhäute blass oder blassblau, trocken; schwacher, schneller Puls und Herzschlag; Körper kalt, Untertemperatur oder Fieber mit extrem starkem Frösteln
Körperliche Symptome: wässriger, schleimig-blutiger Durchfall, kommt schubweise
Verschlimmerung: bei Wetterwechsel, Hitze, Bewegung
Besserung: durch Wärme, Ruhe, Hinlegen
➤ **Potenz, Dosierung:** D4, 3 x 1 Dosis; C30, 1 x 1 Dosis (→ Seite 55)
Selbstbehandlung: Erbrechen, Durchfall (→ Seite 82); Herz und Kreislauf (→ Seite 76); Schock (→ Seite 136)

Bach-Blüten für Hunde

In diesem Kapitel erfahren Sie alles über die Entstehung des Bach-Blütensystems. Weiterhin lernen Sie die Anwendung der Blüten und ihre Zusammenstellung sowie die entsprechenden Symptome beim Hund kennen.

Interessantes zu Bach-Blüten

Edward Bach, der Begründer der Bach-Blütentherapie, wurde am 24. 9. 1886 in Moseley bei Birmingham geboren (gestorben 27. 11. 1936 an Herzversagen). Während seiner Lehre in der elterlichen Messinggießerei lernte er die Krankheiten und Probleme der Arbeiter kennen.

In ihm wuchs der Wunsch, ihnen helfen zu können, und er beschloss, Arzt zu werden. Von 1906–1914 studierte er in Birmingham und London Medizin; in London war er ab 1913 Leiter der Unfallstation der Universitätsklinik. Nach seinem Studium eröffnete er in London eine eigene Praxis. Zusätzlich arbeitete er als Assistent in der Bakteriologie der Universitätsklinik. Durch diese Tätigkeit erkannte er den Zusammenhang zwischen bestimmten Bakterien im Darm und chronischen Erkrankungen. Aus diesen Bakterien stellte er Impfstoffe (Vakzine) für seine Patienten gegen chronische Erkrankungen wie beispielsweise Arthritis her, die injiziert werden mussten. Sie hatten zwar vereinzelt Nebenwirkungen, halfen aber gut.

Weil sich die Verwaltungsvorschriften der Universität geändert hatten, gab er seine Stelle in der Bakteriologie auf und richtete sich ein eigenes kleines Labor in London ein, wo er weiter über die Entartungen der Darmflora forschte. Wegen Geldmangels trat er 1919 die Stelle eines Bakteriologen am homöopathischen Krankenhaus in London an. Dort stellte er verschiedene Parallelen zwischen seiner Arbeit und der Hahnemanns fest, was die Denkweise und den Zusammenhang von Psyche und Körper betrifft. Daher ging er dazu über, seine Vakzine nach homöopathischen Regeln herzustellen, also stark zu verdünnen, und oral (über den Mund) zu geben, weil sie so weniger Nebenwirkungen hatten und die Verabreichung nicht so schmerzhaft war. Daraus entwickelte er die nach ihm benannten Bach-Nosoden (→ Glossar, Seite 240).

1922 gab er diese Stelle auf und arbeitete wieder im eigenen Labor weiter. Obwohl seine Nosoden sehr erfolgreich waren, stellten sie ihn nicht zufrieden, da damit nur bestimmte körperliche Krankheiten zu heilen waren. Er wünschte sich aber Mittel, mit denen er die seelischen Zustände seiner Patienten beeinflussen konnte, da er schon in der Gießerei seines Vaters festgestellt hatte, dass sie die Ursache vieler Krankheiten sind. Er suchte nach mehr und »reineren« Mitteln als Bakterien. Diese fand er in den Pflanzen. Er bearbeitete verschiedene von ihnen nach derselben Methode, mit der er seine Vakzine hergestellt hatte. Dabei entdeckte er zunächst in Wales die Pflanzen Drüsiges Springkraut (*Impatiens glandulifera*), Gefleckte Gauklerblume (*Mimulus guttatus*) und die Weiße Waldrebe (*Clematis vitalba*). Daraus stellte er seine ersten Blüten-Präparate Impatiens, Mimulus und Clematis her. Da seine Behandlungen damit erfolgreich waren, beschloss er 1930, sich nur noch diesen Forschungen zu widmen und weitere Pflanzen zu suchen. Er verkaufte Praxis und Labor in London und zog nach Wales. Nach und nach fand er dort immer mehr Pflanzen, die Geist, Seele und Psyche beeinflussen.

INFO

Bach-Blütensystem
Als Bach-Blüten werden die aus den Blüten gewonnenen Essenzen bezeichnet. Zum Bach-Blütensystem gehören insgesamt 38 Blüten sowie die Notfalltropfen. Bei der Auswahl der Blüten ließ sich Bach zum Teil von seiner Intuition leiten, zum Teil stellte er bei sich selbst fest, dass negative psychische Symptome nach der Einnahme der zubereiteten Blüten verschwanden.

Herstellung der Bach-Blüten

In Wales entwickelte Bach ein Potenzierungsverfahren, um aus den Pflanzen seine »Bach-Blüten« herzustellen.

➤ **Sonnenmethode**: Dazu werden vollreife Blüten an einem sonnigen Tag morgens vor 9 Uhr gepflückt. Sie bleiben in einer Glasschüssel mit Quellwasser drei bis vier Stunden in der prallen Sonne stehen; man verwendet so viele Blüten, dass die Wasseroberfläche damit bedeckt ist.

Danach werden die Blüten entfernt, im Wasser sind jetzt ihre Schwingungen enthalten. Das Wasser wird dann mit Alkohol konserviert.

➤ **Kochmethode:** Sie folgte 1935 für Pflanzen, die so früh im Jahr blühen, dass die Sonne noch nicht ihre volle Intensität erreicht hat. Dafür müssen an einem sonnigen Tag vor 9 Uhr morgens Blüten, Blätter und Stiele der entsprechenden Pflanzen gepflückt werden. Danach werden die Pflanzen mit Quellwasser (etwa 120 Gramm Pflanzenmaterial auf einen Liter) übergossen und eine halbe Stunde gekocht. Nach dem Abkühlen filtriert man sie und lässt das Wasser (die Essenz) dann drei bis vier Stunden in der vollen Sonne stehen. Auch dieses Wasser wird mit Alkohol konserviert.

Noch heute werden die Pflanzen an den von Bach gefundenen Standorten gesammelt und mithilfe der Sonnen- und Kochmethode zu sogenannten Urtinkturen (nicht zu verwechseln mit den Urtinkturen der Homöopathie) verarbeitet.

Wirkungsweise der Bach-Blüten

Das Prinzip der Bach-Blütentherapie beruht darauf, dass nicht die Krankheit oder bestimmte Beschwerden behandelt werden, sondern die Psyche des Patienten, die negativen Stimmungen und Gefühle, die den Ausbruch einer Krankheit möglich machen. Denn nach Bach ist der Ursprung einer Erkrankung auf der psychischen Ebene angesiedelt. Die Bach-Blüten heilen durch die Beseitigung des negativen Grundgefühls, die Selbstheilungskräfte des Körpers können wieder wirken.

Die Bach-Blüten stammen von wild wachsenden Pflanzen, die in der Volksmedizin jedoch nicht als Heilpflanzen bekannt sind und von denen man keine Heilwirkungen im schulmedizinischen Sinn kennt. Da in den Lösungen keine messbaren Moleküle der Ausgangspflanzen mehr gefunden werden können, geht man davon aus, dass die Pflanzen durch den Herstellungsprozess ihre energetischen Informationen an das Wasser weitergegeben haben.

Bach-Blüten bei Tieren

Die Bach-Blütentherapie wurde von Edward Bach für den Menschen konzipiert. Aber auch er soll einmal ein Pferd mit seinen Blüten behandelt haben. Da Bach seine Aufzeichnungen weitgehend vernichtete, sind keine Einzelheiten über den Einsatz bei Tieren bekannt. In Deutschland werden seit etwa 30 Jahren Tiere mit Bach-Blüten in zunehmendem Maß behandelt. Diese Therapien erfolgen nach

Bach-Blüten helfen bei psychischen Problemen, beispielsweise bei Aggression oder Angst Ihres Hundes.

denselben Kriterien wie beim Menschen. Berichtet wird aber, dass Tiere oft wesentlich schneller auf die Therapie ansprechen. Bach-Blüten sind besonders wirksam bei allen Problemen mit deutlichen psychischen Anteilen oder Ursachen. Das Mittel wird ausgesucht nach der Gemütsverfassung und dem Verhalten des Tieres.

Anwendung der Bach-Blüten

In der Apotheke bekommen Sie Bach-Blüten in Form von sogenannten Stockbottles (Vorratsfläschchen). Die Blütenkonzentrate, die sie enthalten, werden durch Verdünnung der Urtinktur (→ Seite 208) hergestellt. Daraus bereiten Sie dann die Einnahmelösungen zu. Für deren Herstellung gibt es drei Methoden.

➤ **Einnahmeflasche mit Alkohol:** Nehmen Sie ein Drittel Alkohol bis 45 Prozent (Wodka, Cognac, Brandy) und zwei Drittel gutes Quellwasser. Da nicht überall Quellwasser vorhanden ist, können Sie alternativ auch ein kohlensäurefreies Mineralwasser verwenden. Zu je 10 Milliliter dieser Mischung geben Sie 2 Tropfen des Blütenkonzentrats aus der Stockbottle (Ausnahme

Rescue: 4 Tropfen). Diese Lösung ist mindestens 8 bis 10 Wochen haltbar.

➤ **Einnahmeflasche mit Obstessig:** Die Herstellung erfolgt wie mit Alkohol, aber statt Alkohol nehmen Sie Obstessig. Die Haltbarkeit beträgt mehrere Wochen.

➤ **Einnahmeflasche mit Wasser:** Die Herstellung erfolgt wie mit Alkohol, aber statt Alkohol wird reines Wasser (Quellwasser oder kohlensäurefreies Mineralwasser) genommen. Die Haltbarkeit im Kühlschrank beträgt ein bis zwei Wochen.

Alle Lösungen müssen Sie lichtgeschützt aufbewahren, daher sollten Sie sie am besten in braune Arzneiflaschen mit Tropfaufsatz oder Pipette füllen. Lagern Sie diese Einnahmefläschchen bitte nicht in der Nähe von Störfeldern wie Magnetfeldern (z. B. Handy-Ladestation, Computer, Fernseher); der Kühlschrank ist für Lösungen auf reiner Wasserbasis jedoch erfahrungsgemäß unbedenklich.

Bei Trübungen und Ausflockungen sollte man eine neue Mischung anfertigen.

Manche Hunde haben Probleme mit Alkohol, dann sollten Sie die Mischung mit Obstessig oder die reine Wasserlösung bevorzugen.

Dosierung der Einnahmeflasche: Von der fertigen Lösung geben Sie Ihrem Hund 4 x täglich 4 bis 5 Tropfen. Jungtiere erhalten 4 x täglich 2 bis 3 Tropfen, neugebo-

TIPP

Verabreichung der Bach-Blüten

Will sich Ihr Hund nichts eingeben lassen, können Sie die Tropfen aus der Einnahmeflasche oder aus dem Glas auch auf die Pfoten oder die Nase tropfen; der Hund leckt sie dann ab. Ansonsten sehen Sie auf Seite 34 bei den Hinweisen für die Eingabe von Homöopathika nach. Auch Bach-Blüten können mit Leckerchen, Futter, Trinkwasser etc. gegeben werden. Wunden können Sie mit Notfalltropfen (Rescue) spülen (6 Tropfen auf 1/2 Liter Leitungswasser).

rene Welpen bekommen 4 x täglich 1 bis 2 Tropfen bis zum Verschwinden der Symptome.

Weitere Anwendungsmöglichkeiten

Bei Notfällen und für die einmalige Einnahme: Dafür eignet sich die Stockbottle-Methode. Das heißt, dass Sie in diesen Situationen 2 bis 3 Tropfen der puren Lösung direkt aus der Stockbottle (Vorratsfläschchen) Ihrem Hund ins Maul oder auf die Maulschleimhaut eingeben können. Oder Sie verreiben die Tropfen auf der Kopfhaut im Bereich der Stirn.

Für die kurzzeitige Einnahme: Dafür eignet sich die Wasserglas-Methode. Von jeder ausgewählten Blüte geben Sie jeweils 2 Tropfen in ein mit ca. 0,2 Liter Quellwasser oder kohlensäurefreies Mineralwasser gefülltes Glas. Davon geben Sie Ihrem Hund mehrmals täglich etwas zu trinken. Sie können die Mischung auch in den Trinknapf mit Wasser geben. Dann sollten Sie die Menge des Trinkwassers aber abmessen, um später prüfen zu können, ob Ihr Hund überhaupt etwas getrunken hat.

Behandlungsdauer

Notfall: Im akuten Notfall, etwa bei einem Schock oder bei Schreck, verabreichen Sie einmalig die Notfalltropfen (Rescue) oder eine andere passende Blüte nach der Stockbottle-Methode (→ oben).

Kurzzeittherapie: Darunter versteht man eine Therapie mit Einnahmefläschchen für einen bis mehrere Tage (maximal zwei Wochen). Erfahrungsgemäß können Sie die Blüten auch nach der Wasserglas-Methode geben (→ oben). Mit Kurzzeittherapie behandelbare Probleme sind Umzug, Ausstellungen, kurzzeitige Veränderungen im Haus (Besuch, Renovierung, Feiern) oder akut aufgetretene Probleme. Vorbeugend können Sie diese Methode auch vor Ausstellungen oder einem Aufenthalt in einer Tierpension einsetzen. Üblicherweise geben Sie die Mischung 4 bis 5 x täglich (Dosierung, → Seite 210). In ganz akuten Zuständen wie Unruhe oder Angst können

Sie auch alle 10 bis 15 Minuten eine Dosis geben, bis sich der Hund beruhigt hat.

Langzeittherapie: Von einer Langzeittherapie spricht man, wenn die Behandlung mehrere Wochen bis zu einem Jahr dauert. Sie wird durchgeführt, wenn das Problem schon länger besteht oder wenn es chronisch geworden ist, etwa bei Angst z. B. nach einem Tierheim-aufenthalt. Meist muss je nach Entwicklung des Problems die Blütenmischung in diesem Zeitraum mehr-mals angepasst werden.

Geeignet ist die Einnahmeflaschen-Methode (Dosierung, → Seite 210). Eine Besserung sollte spätestens 14 Tage nach Therapiebeginn eintreten. Wenn Sie keinen Erfolg sehen, sollten Sie Ihren Hund einem Therapeuten vorstellen, der sich mit Verhaltensproblemen auskennt.

Dauertherapie: Sie ist nötig bei tief sitzenden psychischen Problemen, die angeboren oder durch Fehlprägungen in den ersten Lebenswochen entstanden sind. Ein Beispiel für Letzteres ist, wenn die Welpen in der Sozialisierungsphase bestimmte Dinge (etwa Geräusche wie Staubsauger) nicht kennengelernt haben und Angst davor haben; mit der Bach-Blüte wird die Gewöhnung daran und der Umgang damit erleichtert. Wenn das Problem nach Absetzen der Mischung wieder auftritt, nach Gabe der Blüten ein bis zwei Tage später wieder verschwunden ist, bedeutet es, dass diese Hunde ihre Mischung ständig brauchen. Meist sind aber weniger Blüten nötig als bei den anderen Therapien.

Die Dauertherapie kann man auch bei Problemen durchführen, die zeitlebens in einer bestimmten Situation auftreten, beispielsweise beim Tierarztbesuch, wenn Besuch kommt, auf Ausstellungen. Die dafür bewährte Mischung geben Sie dann vor und während dieser Zeit.

Ergänzende Therapiehinweise

Sollten sich während der Therapie Symptome ver-schlimmern oder sollten sonstige Veränderungen wie Unruhe, Schläfrigkeit oder Durchfall auftreten und nicht nach ein bis zwei Tagen wieder verschwinden, reduzieren Sie die Dosis der Mischung um die Hälfte oder geben Sie die Blütenmischung seltener. Haben diese Maßnahmen keine Wirkung, setzen Sie die Blüten ab und suchen Ihren Tierarzt auf. Es könnte sich um eine ernsthafte Erkrankung handeln, die mit Bach-Blüten nicht zu therapieren ist.

Manchmal können Metallnäpfe die Therapie stören; nehmen Sie dann einen Napf aus einem anderen Material, etwa Keramik oder Porzellan, wenn Sie die Blüten über das Trinkwasser geben.

Grenzen der Bach-Blütentherapie

Die Bach-Blütentherapie ist wie die Homöopathie eine Regulationstherapie, das heißt, im Körper müssen noch Kräfte wirksam sein, die sich mithilfe der Bach-Blüten regulieren, also anstoßen lassen. Weiterhin ist die Bach-Blütentherapie nur für die Behandlung von Erkrankungen mit psychischer Ursache geeignet. Wie in der Homöopathie können angeborene Missbildungen und Charakterfehler, Verletzungen und Erkrankungen, bei denen ein operativer Eingriff erforderlich ist, beispielsweise ein Kaiserschnitt, oder Krankheiten, bei denen unterstützend Mittel zugeführt werden müssen, weil sie der Körper nicht mehr selbst herstellen kann (etwa Insulin bei Diabetes), nicht mit Bach-Blüten behandelt werden. Auch Erkrankungen durch Fehler in der Fütterung und Haltung des Hundes können durch Bach-

> ### TIPP
>
> **Wie viele Blüten für eine Therapie?**
> Man sollte nicht mehr als acht Blüten zusammen geben. Eine optimale Zusammenstellung beinhaltet vier bis sechs Blüten. Verwenden Sie mehr, geben Sie dem Körper zu viele Informationen, die er nicht aufnehmen und verarbeiten kann. Er ist überfordert und reagiert überhaupt nicht oder nicht ausreichend. Schädigungen treten allerdings nicht auf.

Blüten allein nicht therapiert werden. Sind die psychischen Störungen durch Spannungen in der Familie des Halters entstanden, müssen diese zunächst beseitigt werden. Dann erst kann der Hund behandelt werden. Bevor Sie Bach-Blüten anwenden, sollten Sie Ihren Hund von Ihrem Tierarzt gründlich untersuchen lassen, um organische Erkrankungen auszuschließen.

Verhaltensauffälligkeiten: Mit Bach-Blüten lassen sich auch keine Verhaltensauffälligkeiten therapieren, die der Hundehalter – wegen fehlenden Wissens über normales und unnormales Verhalten – verkehrt einschätzt oder auf die er falsch reagiert.

➤ Ein Beispiel ist das belohnte Fehlverhalten. Für Hunde ist jede Zuwendung, auch durch Ansprache (selbst Schimpfen), eine Belohnung und Bestätigung ihres Verhaltens. Bellt der Hund einen anderen an, bewirkt sein Besitzer, der ihn anschreit, damit aufzuhören, genau das Gegenteil. Der Hund wertet dies als »Mitbellen« und fühlt sich bestätigt. Dadurch verstärkt der Besitzer das Verhalten, der Hund wird das nächste Mal vermehrt bellen. Der Besitzer muss sein Verhalten korrigieren, Bach-Blüten helfen hier nicht.

➤ Ein weiteres Beispiel ist Aggression wegen Schmerzen. Hier helfen keine Bach-Blüten, sondern hier müssen Sie die Ursache der Schmerzen beseitigen.

Fehler bei Haltung und Vergesellschaftung: Auch hier können Fehler nicht durch Bach-Blüten therapiert werden, etwa weil

➤ es auch beim Hund wie beim Menschen Individuen gibt, die sich nicht leiden können.

➤ Rangordnungsprobleme zugrunde liegen können.

➤ zu wenig Beschäftigung und Auslauf oft der Grund des Fehlverhaltens sind.

Häufig ist wie auch bei der Homöopathie zusätzlich eine Verhaltenstherapie notwendig. Mit Bach-Blüten können Sie diese Therapie aber unterstützen, indem die Blüten den Hund befähigen, die Maßnahmen überhaupt annehmen zu können. Das heißt, dass er ohne Blüten beispielsweise so nervös oder ängstlich ist, dass er sich nicht konzentrieren kann.

Die passenden Bach-Blüten finden

Mit den folgenden Fragen können Sie die richtigen Bach-Blüten für Ihren Hund finden. Hinter jeder Frage habe ich die Blüte/n aufgelistet, die helfen könnte/n. **So gehen Sie vor:** Lesen Sie alle Fragen, kreuzen Sie auf der Liste Seite 238 die Blüten an, die bei einer Frage stehen, die Sie mit Ja beantwortet haben. Zu den Blüten mit den meisten Kreuzen lesen Sie die Beschreibungen durch, ob sie zu Ihrem Hund passen (→ ab Seite 224). Stellen Sie dann eine Mischung her (→ Seite 211).

Fragebogen

Ist das Problem Folge …

➤ eines Unfalls: Star of Bethlehem, Walnut
➤ eines Umzugs: Honeysuckle, Rock Water, Walnut
➤ einer Trennung vom Partner (Mensch oder Tier): Gentian, Gorse, Heather, Honeysuckle, Hornbeam, Star of Bethlehem, Walnut, White Chestnut
➤ einer Erkrankung: Gorse, Hornbeam, Mustard, Olive, Star of Bethlehem, Sweet Chestnut, Wild Rose
➤ von Überlastung: Agrimony, Centaury, Elm, Hornbeam, Oak, Olive, Vervain

Der Hund …

➤ lässt sich nicht anfassen: Gentian, Rock Water, Water Violet
➤ fordert Aufmerksamkeit: Chicory, Heather, Vervain, Vine, Willow
➤ lernt schlecht: Chestnut Bud, Clematis, Olive, White Chestnut
➤ lernt gut: Agrimony, Centaury, Gentian, Impatiens, Larch, Oak, Vervain, Wild Oat
➤ lässt sich schnell ablenken, ist unkonzentriert: Agrimony, Clematis, Impatiens, Scleranthus, White Chestnut, Wild Oat
➤ wirkt depressiv: Elm, Mustard, Pine, Star of Bethlehem, Walnut, Wild Rose, Willow
➤ kann nicht allein sein: Agrimony, Aspen, Centaury, Cerato, Cherry Plum, Chicory, Heather, Red Chestnut

➤ braucht Zuwendung: Cerato, Heather, Pine
➤ macht immer die gleichen Fehler: Chestnut Bud
➤ ordnet sich leicht unter: Agrimony, Centaury, Cerato, Chestnut Bud, Larch, Pine
➤ will allein sein, zieht sich zurück: Water Violet
➤ beleckt, kratzt sich nervös: Agrimony, Beech, Chicory, Crab Apple, Heather, Mustard
➤ hat Entwicklungsstörungen: Cerato, Chestnut Bud, Clematis, Hornbeam, Olive
➤ frisst nicht oder wenig: Chicory, Clematis, Gorse, Honeysuckle, Olive, Sweet Chestnut, Walnut, Wild Oat, Wild Rose
➤ erbricht nach dem Fressen: Impatiens
➤ bellt, jault viel: Aspen, Cerato, Chicory, Heather, Honeysuckle, Oak, Red Chestnut, Walnut
➤ verkriecht sich: Honeysuckle, Mimulus, Pine, Sweet Chestnut

Ist der Hund …

➤ dominant, selbstbewusst: Beech, Chicory, Holly, Vervain, Vine, Water Violet
➤ aggressiv: Beech, Cherry Plum, Holly, Impatiens, Red Chestnut, Rock Rose, Vervain, Vine, Water Violet, Wild Oat
➤ ein Angstbeißer: Aspen, Cherry Plum, Rock Rose
➤ geräuschempfindlich: Aspen, Mimulus, Rock Rose, White Chestnut
➤ eifersüchtig: Beech, Heather, Holly, Mimulus, Walnut
➤ sehr sensibel: Aspen, Gentian, Mimulus, Pine, Walnut
➤ launisch: Beech, Holly, Hornbeam, Impatiens, Scleranthus, Wild Oat, Willow
➤ panisch, schreckhaft: Aspen, Cherry Plum, Chestnut Bud, Mimulus, Rock Rose
➤ überaktiv, hektisch: Agrimony, Cherry Plum, Impatiens, Oak, Scleranthus, Vervain, Vine
➤ gelangweilt: Hornbeam, Impatiens, Oak, Wild Oat
➤ gern im Mittelpunkt: Chicory, Heather, Vervain, Vine
➤ eigensinnig: Chestnut Bud, Clematis, Holly, Impatiens, Oak, Vine, White Chestnut
➤ unsicher, unterwürfig: Centaury, Cerato, Chestnut Bud, Gentian, Larch, Pine, Scleranthus

➤ nervös: Aspen, Cherry Plum, Crab Apple, Heather, Impatiens, Mimulus, Scleranthus

➤ ein Einzelgänger: Beech, Impatiens, Larch, Water Violet, Wild Oat

➤ nachtragend, beleidigt: Chicory, Gentian, Pine, White Chestnut, Willow

➤ zerstörerisch: Aspen, Beech, Cerato, Chicory, Heather, Holly, Oak, Vervain, Walnut, Wild Oat

➤ pingelig: Crab Apple

➤ misstrauisch: Gentian, Holly, Larch, Willow

➤ traurig: Cerato, Elm, Honeysuckle, Larch, Mustard, Star of Bethlehem, Walnut

➤ wehleidig: Chicory, Heather

➤ unruhig: Agrimony, Cherry Plum, Crab Apple, Honeysuckle, Impatiens, Oak, Red Chestnut, White Chestnut

➤ unsauber: Beech, Chestnut Bud, Chicory, Heather, Holly, Pine, Star of Bethlehem, Sweet Chestnut, Walnut

➤ sehr fürsorglich, beschützend: Chicory, Red Chestnut

➤ nachts unruhig: Agrimony, Aspen, Vervain, White Chestnut

➤ erschöpft: Centaury, Crab Apple, Elm, Gorse, Oak, Olive, Sweet Chestnut

➤ apathisch: Clematis, Elm, Gorse, Honeysuckle, Hornbeam, Mustard, Olive, Scleranthus, Star of Bethlehem, Sweet Chestnut, Wild Rose

➤ körperlich überanstrengt, erschöpft: Agrimony, Gentian, Oak, Olive, Sweet Chestnut, Vine

➤ angespannt/verspannt: Cherry Plum, Impatiens, Oak, Rock Water, White Chestnut

Hat der Hund …

➤ schlechte Erfahrungen gemacht: Gentian, Gorse, Pine, Star of Bethlehem, Sweet Chestnut, Walnut, White Chestnut, Willow

➤ Probleme mit Veränderungen: Gentian, Honeysuckle, Larch, Rock Water, Walnut

➤ Ängste: Aspen, Cherry Plum, Elm, Gentian, Larch, Mimulus, White Chestnut

➤ Probleme beim Autofahren: Aspen, Gentian, Mimulus, Scleranthus

BACH-BLÜTEN UND GEMÜTSZUSTÄNDE

In dieser Aufstellung finden Sie eine Einteilung der Blüten nach verschiedenen Gemütszuständen, wie sie Bach selbst aufgestellt hat. Sie kann Ihnen eine zusätzliche Hilfe beim Auffinden der richtigen Blüten sein, wenn Sie bereits wissen, welcher Gemütszustand auf Ihren Hund zutrifft. Lesen Sie anschließend die Beschreibungen der Blüten ab Seite 224 nach. Um zur richtigen Blüte zu gelangen, habe ich für Sie auch einen Fragebogen auf Seite 215 erstellt.

Angst

2 Aspen	Ist allgemein ängstlich, hat unbestimmte Angst
6 Cherry Plum	Hat unterdrückte Ängste, die sich in unkontrollierten Ausbrüchen äußern, ist aggressiv
20 Mimulus	Hat Angst vor bestimmten Dingen
25 Red Chestnut	Hat Angst um andere, ist übertrieben fürsorglich
26 Rock Rose	Hat akute Panik, reagiert sowohl körperlich als auch psychisch darauf, hat Todesangst

Unsicherheit

5 Cerato	Ist unsicher, unentschlossen, hat kein Selbstvertrauen
12 Gentian	Ist unsicher, da misstrauisch; ist entmutigt
13 Gorse	Ist unsicher, da kraftlos und erschöpft; ist hoffnungslos
17 Hornbeam	Ist unsicher, da schwach; ist müde
28 Scleranthus	Ist unsicher, da unausgeglichen; reagiert mit Stimmungsschwankungen
36 Wild Oat	Ist unsicher, da unzufrieden;

	ist gelangweilt, hat keine Ausdauer; weiß nicht, was er will
Interesselosigkeit	
7 Chestnut Bud	Lernt nicht aus Fehlern, ist unkonzentriert
9 Clematis	Ist abwesend, verträumt
16 Honeysuckle	Trauert der Vergangenheit nach, kommt mit neuen Situationen nicht zurecht, hat Heimweh
21 Mustard	Ist traurig ohne erkennbare Ursache
23 Olive	Ist erschöpft, körperlich verausgabt
35 White Chestnut	Ist unkonzentriert, unruhig, psychisch angespannt, vergisst nicht
37 Wild Rose	Ist apathisch, depressiv, resigniert
Einsamkeit	
14 Heather	Ist einsam, da egoistisch und aufdringlich
18 Impatiens	Ist einsam, da hektisch und ungeduldig, unbeherrscht
34 Water Violet	Ist isoliert, weil unnahbar und stolz, Einzelgänger
Überempfindlichkeit gegen äußerliche Einflüsse	
1 Agrimony	Ist harmoniesüchtig, konfliktscheu, reagiert widersprüchlich, ist ruhelos
4 Centaury	Ist willensschwach, leicht beeinflussbar, da gutmütig; ist lieb; ist unterwürfig, um geliebt zu werden
15 Holly	Reagiert unkontrolliert, wenn ihm etwas nicht passt; ist eifersüchtig, misstrauisch, angriffslustig
33 Walnut	Ist labil, Veränderungen belasten ihn

Mutlosigkeit und Verzweiflung

10 Crab Apple	Fühlt sich nicht wohl, ist extrem reinlich
11 Elm	Ist überfordert, erschöpft; bei Zusammenbruch
19 Larch	Ist wenig selbstbewusst
22 Oak	Ist überlastet
24 Pine	Reagiert unterwürfig
29 Star of Bethlehem	Wenn schlechte Erfahrung noch nachwirkt; bei Verletzung
30 Sweet Chestnut	Bei Selbstaufgabe, Ausweglosigkeit
38 Willow	Ist misstrauisch, schlecht gelaunt, nachtragend

Übertreibungen, will zu viel

3 Beech	Ist intolerant, aggressiv, ablehnend
8 Chicory	Sucht Aufmerksamkeit, ist besitzergreifend
27 Rock Water	Nimmt alles zu ernst, ist unflexibel, lässt sich nicht anfassen
31 Vervain	Ist aktiv, dominant, hat eisernen Willen
32 Vine	Ist dominant, herrschsüchtig

Notfall/Rescue

39 Rescue-Notfalltropfen, Rescue Remedy (6 Cherry Plum, 9 Clematis, 18 Impatiens, 26 Rock Rose, 29 Star of Bethlehem)	Geeignet als Erstbehandlung bei allen akuten körperlichen und psychischen Notfällen

Bewährte Indikationen

Im Folgenden finden Sie die Bach-Blüten bestimmten Indikationen zugeordnet, bei denen sie erfahrungsgemäß gut einsetzbar sind. Geben Sie bitte möglichst nicht mehr als fünf bis sechs Blüten in einer Mischung. Wenn nichts anderes angegeben ist, gelten die Anweisungen zur Dosierung auf Seite 210.

Deckakt, Trächtigkeit und Geburt

Die Hündin lässt sich nach schlechter Erfahrung nicht decken: Aspen, Scleranthus, Walnut; Rescue vor dem Deckakt
Zur Geburtsvorbereitung ab ca. einer Woche vor der Geburt: Elm, Mimulus, Olive, Walnut
Bei starker Erschöpfung nach normaler Geburt: Elm, Hornbeam, Olive
Die Hündin kümmert sich nicht um die Welpen: Cerato, Chicory, Impatiens, Water Violet
Bei Aggressivität gegen die eigenen Welpen: Beech, Holly, Impatiens, Willow
Bei übertriebener Fürsorge: Aspen, Impatiens, Red Chestnut, White Chestnut
Bei Trauer nach Abgabe der Welpen: Honeysuckle, Red Chestnut

Welpen

Nach der Geburt:
➤ alle Welpen: Star of Bethlehem, Walnut
➤ lebensschwache Welpen oder nach Kaiserschnitt: 1 Tropfen Rescue aus der Stockbottle auf dem Kopf verreiben, dies nach 10 Minuten wiederholen
Mutterlose Welpen: Rescue, dazu Hornbeam, Olive, Walnut (bis zur dritten Woche 4 x 1 Tropfen, danach 4 x 2 bis 3 Tropfen mit der Pipette ins Maul geben)
Zur Erleichterung der Abgabe an neue Besitzer: Cerato, Honeysuckle, Walnut
Zur Erleichterung des Zahnwechsels: Cerato, Walnut

Verhalten

Eifersucht nach Familienzuwachs (anderer Hund oder Baby): Heather, Holly, Mimulus, Walnut

Der Hund im/aus dem Tierheim:

➤ Er ist verzweifelt, apathisch: Clematis, Gentian, Gorse, Sweet Chestnut, Wild Rose

➤ Er hat Angst: Aspen, Gentian, Mimulus, Rescue

➤ Er ist aggressiv: Beech, Holly, Water Violet, Rescue

➤ Nach Misshandlung: Aspen, Centaury, Gentian, Pine, Willow

Stärkung des Selbstvertrauens: Cerato, Gentian, Larch

Eingewöhnung in eine neue Umgebung: Cerato, Walnut, Rescue

Gegen Trauer: Cerato, Honeysuckle, Star of Bethlehem, Walnut

Lampenfieber vor Prüfungen: Aspen, Elm, Gentian, Impatiens, Scleranthus

Langeweile beim Üben: Chestnut Bud, Elm, White Chestnut, Wild Oat

Angst vor dem Tierarztbesuch: Aspen, Mimulus

Angst vor dem Alleinsein: Agrimony, Cerato, Red Chestnut

Launenhaftigkeit: Holly, Mustard, Scleranthus, Willow

Angst, Aggression, wenn keine für den Hund spezifische Bach-Blüte bekannt ist: Rescue

Allgemeines

Nach einer Operation: Rescue (3 bis 4 Tropfen aus der Stockbottle auf dem Kopf einreiben)

➤ **Wichtig**: Rescue vor der Operation erschwert die Narkose.

Altersbeschwerden: Heather, Olive, Walnut

Hitzschlag, Unfall: Rescue

Epilepsie: Rescue, Cherry Plum

Zur Unterstützung der Genesung, bei Erschöpfung: Elm, Gorse, Oak, Olive

Zur Entgiftung: Chicory, Clematis, Crab Apple, Elm

Flohbefall (Zusatztherapie gegen Juckreiz): Crab Apple

Überblick über die Bach-Blüten (Symptome beim Hund)

Nach der Beantwortung des Fragebogens von Seite 215 sind Sie zu bestimmten Blüten für Ihren Hund gekommen. Mithilfe der Tabelle »Bach-Blüten und Gemütszustände« (→ Seite 218) sowie der »Bewährten Indikationen« (→ Seite 221) konnten Sie das Ergebnis konkretisieren. Als Ergebnis haben Sie nun eine Mischung mehrerer Bach-Blüten. Auf den nächsten Seiten finden Sie die spezifischen Beschreibungen der einzelnen Bach-Blüten. Aufgeführt sind die Eigenschaften und Symptome eines Hundes, der diese Blüte bräuchte. Dabei müssen Sie beachten, dass diese Eigenschaften den Hund beschreiben, wie er im gesunden sowie im kranken Zustand ist. Oft sind im kranken Zustand Symptome, die Ihr Hund als gesundes Tier zeigt, übersteigert. Bedenken Sie bitte, dass Sie nicht immer alle Symptome bei Ihrem Hund finden werden. Wichtig ist eine Grundübereinstimmung zwischen Beschreibung und Tier.

Lesen Sie nun die Beschreibungen zu den Blüten Ihrer Mischung durch und überlegen Sie, ob sie auf Ihren Hund zutreffen. Wenn sie passen, wenden Sie diese Blüten an. Wie Sie dabei vorgehen, → ab Seite 209.

Sind Sie mit dem Ergebnis nicht zufrieden, suchen Sie erneut. Dazu haben Sie drei Möglichkeiten:

➤ Sie beginnen ganz von vorn und beantworten noch einmal den Fragebogen auf Seite 215.

➤ Sie suchen auf Seite 234 nach Blüten, die eine ähnliche Wirkung haben wie die, die Sie jetzt herausgefunden haben. Diese könnten für einen Hund mit entsprechendem Problem ebenfalls infrage kommen.

➤ Sie fragen einen erfahrenen Tierarzt.

➤ **Wichtig:** Bevor Sie die Bach-Blüten anwenden, müssen Sie immer versuchen, die Ursache der Veränderung herauszufinden! Grundsätzlich ersetzt speziell Rescue (Nr. 39) weder den Tierarztbesuch noch Erste-Hilfe-Maßnahmen. Auch bei anderen Problemen sollten ernsthafte Erkrankungen erst durch den Tierarzt ausgeschlossen werden.

BACH-BLÜTEN

1. AGRIMONY (*AGRIMONIA EUPATORIA*, ODERMENNIG)

Die Hunde lieben Ruhe und Harmonie, die sie als kranke Tiere zu erhalten versuchen. Selbst bei Krankheit versuchen sie, sich normal zu geben. Daher neigt man dazu, ihre Erkrankungen zu unterschätzen. Sie sind gesellig, fröhlich oder unruhig, hektisch. Da sie um Harmonie bemüht sind, neigen sie dazu, sich zu überlasten; Neigung zu nervösem Belecken und Kratzen.

2. ASPEN (*POPULUS TREMULA*, ZITTERPAPPEL)

Die Hunde sind schreckhaft und ängstlich, sehr sensibel. Ihre Ängste sind unspezifisch. Sie fürchten sich scheinbar grundlos vor vielem. Sie schlafen unruhig; sie wollen nicht allein sein und jaulen oder zerstören. Aus Angst laufen sie entweder weg oder werden aggressiv (Angstbeißer). Sie sind oft geräuschempfindlich, wetterfühlig, können beim Autofahren erbrechen.

3. BEECH (*FAGUS SYLVATICA*, ROTBUCHE)

Die Hunde streiten gern, sind intolerant und selbstbewusst. Sie sind aggressiv gegen Artgenossen, andere Tiere und Menschen. Aus Protest können sie unsauber werden, beißen oder fellbeißen. Sie sind oft schlecht gelaunt. Sie versuchen immer, der Ranghöchste zu sein. Diese Hunde sind besser als Einzelhunde zu halten. Häufig Rassen wie Terrier, Pinscher, Dackel.

4. CENTAURY (*CENTAURIUM UMBELLATUM*, TAUSENDGÜLDENKRAUT)

Hunde, die Centaury brauchen, sind willensschwach. Sie unterwerfen sich sofort, auch grundlos. Auch vom Besitzer lassen sie sich alles gefallen und werden daher leicht überfordert. Sie lernen gut und gern. Sie brauchen Centaury zur Stärkung ihrer Willenskraft. Da sie ständig unterdrückt und überfordert werden, neigen sie zu Infektionen. Sie können schlecht allein sein.

5. CERATO (*CERATOSTIGMA WILLMOTTIANA*, BLEIWURZ)

Die Hunde sind unsicher, unterwürfig. Sie zeigen wenig Eigeninitiative. Oft orientieren sie sich an anderen Hunden oder Menschen, da sie wenig Vertrauen in sich selbst haben. Sie gehorchen gut. Sie haben Trennungsangst, jaulen und zerstören; sind oft übermäßig auf den Besitzer fixiert. Sie können Probleme mit anderen Hunden haben durch mangelnde Sozialisierung.

6. CHERRY PLUM (*PRUNUS CERASIFERA*, KIRSCHPFLAUME)

Die Hunde stehen unter starker Spannung. Sie laufen unruhig hin und her, hecheln stark. Sie reagieren ganz plötzlich aggressiv und sind dann nicht ansprechbar. Die Augen stehen weit auf und sind starr. Ursache sind unterdrückte Ängste, die aber nicht genau auszumachen sind. Die Hunde neigen auch zu Panikreaktionen, Hysterie. Sie sind Angstbeißer. Trost verschlimmert.

7. CHESTNUT BUD (*AESCULUS HIPPOCASTANUM*, KNOSPE DER ROSSKASTANIE)

Die Hunde lernen nicht aus Erfahrungen. Ihre Lernfähigkeit ist eingeschränkt, sie machen immer wieder die gleichen Fehler; sind dann unterwürfig, evtl. unsauber. Es tauchen stets die gleichen Probleme auf, z.B. dass sich der Hund nicht decken lässt, oder es besteht Neigung zu periodisch wiederkehrenden Erkrankungen. Welpen bleiben in ihrer Entwicklung zurück.

8. CHICORY (*CICHORIUM INTYBUS*, WEGWARTE)

Diese Hunde können übertrieben mütterlich sein. Andererseits steht Chicory für Egoismus. Die Hunde wollen immer im Mittelpunkt stehen und sind sehr selbstbewusst. Sie sind besitzergreifend, aufdringlich und reagieren bei Zurückweisung lange beleidigt oder mit Unarten wie Bellen, Zerstören, Kratzen. Bei Krankheiten sind sie sehr wehleidig. Sie zeigen übermäßigen Schutztrieb.

BACH-BLÜTEN

9. CLEMATIS (*CLEMATIS VITALBA*, WEISSE WALDREBE)

Die Hunde sind schläfrig, abwesend, interesselos, bei Krankheit apathisch. Sie haben anscheinend kein Interesse daran,

gesund zu werden. Da sie sich wenig bewegen, können sie zu dick sein. Wollen in Ruhe gelassen werden, können sich schlecht konzentrieren und lernen schlecht. Kommen nach dem Aufwachen nur schwer in Gang. Sie sind sehr unauffällig.

10. CRAB APPLE (*MALUS PUMILA*, HOLZAPFEL)

Die Hunde lecken und kratzen sich mehr als normal. Häufig ist kein Grund dafür vorhanden. Sie sind unruhig und nervös.

Alles, z. B. Futter und Wasser, muss frisch und sauber sein; sie fressen nicht alles. Sie sind genau in Kleinigkeiten. Es besteht eine Neigung zu Parasitenbefall. Die Blüte kann zur Entgiftung als Dränage und bei Infektionsgefahr angewendet werden.

11. ELM (*ULMUS PROCERA*, ULME)

Die Hunde wirken überfordert, z. B. mit ihrer Ausbildung, sie können ihre Übungen nicht mehr. Sie sind lustlos und wirken

traurig. Sie haben Depressionen; Erwartungsangst. Dieser Zustand ist vorübergehend. Eine tatsächliche Überforderung sollte ausgeschlossen werden. Es handelt sich um ansonsten kräftige und robuste Hunde. Geeignet als Zusatztherapie bei Infektionen.

12. GENTIAN (*GENTIANA AMARELLA*, HERBSTENZIAN)

Die Hunde sind misstrauisch, lassen sich nicht anfassen, haben Probleme mit neuen Situationen, sind schnell entmutigt;

wenig Ausdauer. Nachtragend, leicht beleidigt, aber auch intelligent und sensibel. Ursache ihres Zustandes sind oft der Verlust des Partners oder schlechte Erfahrungen. Vorbeugend vor Autofahrten, Ausstellungen etc. Die Ursache des Problems ist bekannt.

13. GORSE (*ULEX EUROPAEUS*, STECHGINSTER)

Die Hunde sind müde, apathisch. Sie fressen und trinken nicht mehr, wollen nicht Gassi gehen und spielen. Meist bei und nach chronischen Erkrankungen. Das Haarkleid ist stumpf. Sie sind abgemagert. Sie haben sich in ihr Schicksal ergeben. Man meint, dass sie sterben wollen. Oft Tiere, die viele Besitzer hatten und häufig im Tierheim waren, meist auch misshandelt wurden.

14. HEATHER (*CALLUNA VULGARIS*, SCHOTTISCHES HEIDEKRAUT)

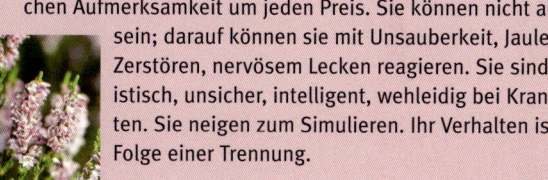

Die Hunde sind aufdringlich und anlehnungsbedürftig. Sie suchen Aufmerksamkeit um jeden Preis. Sie können nicht allein sein; darauf können sie mit Unsauberkeit, Jaulen, Zerstören, nervösem Lecken reagieren. Sie sind egoistisch, unsicher, intelligent, wehleidig bei Krankheiten. Sie neigen zum Simulieren. Ihr Verhalten ist oft Folge einer Trennung.

15. HOLLY (*ILEX AQUIFOLIUM*, STECHPALME)

Die Hunde sind aggressiv (oft unkontrolliert, niedrige Reizschwelle), meist weil es nicht nach ihrem Willen geht. Sie sind eifersüchtig auf ganz bestimmte Tiere oder Menschen (Partner, Kind). Weitere Eigenschaften: unzufrieden, misstrauisch, launisch, selbstbewusst, boshaft, ungeduldig, bösartig. Sie können zerstörerisch und unsauber werden. Eher kräftige Tiere.

16. HONEYSUCKLE (*LONICERA CAPRIFOLIUM*, GEISSBLATT, JELÄNGERJELIEBER)

Die Hunde haben Heimweh oder können eine Veränderung (Umzug, Verlust von Menschen/Tieren) nicht verkraften. Sie verkriechen sich, wollen nicht fressen, winseln, heulen; oder aber sie suchen nach dem Fehlenden, z.B. Hündinnen, die übertrieben lang nach ihren abgegebenen Welpen suchen. Auch bei älteren Tieren, die keine Lebensfreude mehr haben. Oft Tierheimmittel.

BACH-BLÜTEN

17. HORNBEAM (*CARPINUS BETULUS*, HAINBUCHE)

Die Hunde sind müde, etwa nach einseitiger Überlastung, z.B. übermäßigem Decken. Sie langweilen sich beim Wiederholen von Übungen. Nach Krankheiten erholen sie sich nur langsam. Sie ermüden leicht, sind Morgenmuffel. Welpen neigen zu Bindegewebsschwäche und Wachstumsstörungen. Gefördert wird dies durch eine nicht artgerechte Haltung (Alleinsein, Zwinger).

18. IMPATIENS (*IMPATIENS GLANDULIFERA*, DRÜSIGES SPRINGKRAUT)

Die Hunde sind intelligent und lernen schnell, sind dabei aber überaktiv, ungeduldig. Sie können sich schlecht konzentrieren. Die Ungeduld kann in Aggression umschlagen. Sie fressen hastig und erbrechen das Futter häufig danach. Sie spielen, laufen, rennen gern und sind dabei oft ungestüm. Sie werden daher leicht müde. Oft Folge von schlechten Haltungsbedingungen.

19. LARCH (*LARIX DECIDUA*, LÄRCHE)

Die Hunde sind unterwürfig, gehen anderen Hunden eher aus dem Weg, sie sind die Letzten in der Rangordnung. Sie zeigen keine Eigeninitiative, haben kein Selbstvertrauen. Ihre Körperhaltung ist unterwürfig. Sie mögen keine Veränderungen oder nichts Neues und sind dann unsicher. Sie sind anfällig für lang dauernde oder chronische Erkrankungen.

20. MIMULUS (*MIMULUS GUTTATUS*, GEFLECKTE GAUKLERBLUME)

Die Hunde sind ängstlich und scheu. Ihre Ängste sind spezifisch, z.B. Angst vor dem Tierarztbesuch, vor Autofahrten oder vor bestimmten Menschen und Tieren. Sie sind häufig geräuschempfindlich. Sie können regelrechte Phobien entwickeln. Die Hunde sind übervorsichtig und fliehen eher. Sie haben durch diesen Stress eine Neigung zu wiederkehrenden Erkrankungen.

21. MUSTARD (*SINAPIS ARVENSIS*, ACKERSENF)

Die Hunde sind plötzlich apathisch, schlafen viel, sie haben kein Interesse an der Umwelt. Sie verkriechen sich und laufen langsam. Vorsicht: Es könnte sich eine Krankheit entwickeln oder entwickelt haben! Sie zeigen wechselnde Stimmungen, Depression unbekannter Ursache (oft Folge falscher Haltung). Sie neigen zum nervösen Lecken und Pfotennagen.

22. OAK (*QUERCUS ROBUR*, EICHE)

Es handelt sich häufig um Sport- oder Diensthunde, die arbeiten wollen, auch wenn sie nicht mehr können. Sie sind willensstark, wollen immer beschäftigt sein. Langeweile bekommt ihnen nicht. Sie suchen sich daher eine Beschäftigung oder entwickeln Verhaltensstörungen wie Bellen. Oft entwickeln sie eine chronische Erschöpfung, wollen sich aber nicht ausruhen.

23. OLIVE (*OLEA EUROPAEA*, OLIVENBAUM)

Die Hunde sind apathisch, schlafen viel, sind total erschöpft. Dieser Zustand tritt z. B. nach der Geburt, nach langer Krankheit, bei alten Hunden, nach körperlicher Überanstrengung, bei jungen Tieren mit Wachstumsstörungen, nach Operationen, nach langer Medikamentengabe, nach seelischem Trauma ein. Es kommt zur tatsächlichen Erschöpfung von Psyche und Körper.

24. PINE (*PINUS SYLVESTRIS*, SCHOTTISCHE KIEFER)

Die Hunde sind unterwürfig, ängstlich. Sie werden von anderen Hunden gern angegriffen und unterwerfen sich sofort. Auf Tadel (der Blick reicht oft schon) reagieren sie sofort und sind lang beleidigt. Sie wirken so, als hätten sie ein schlechtes Gewissen; ihre Körperhaltung ist oft geduckt, sie verkriechen sich, sie können unsauber sein. Sie neigen zu Infektanfälligkeit.

BACH-BLÜTEN

25. RED CHESTNUT *(AESCULUS CARNEA*, ROTE KASTANIE)

Typisch sind überfürsorgliche Hunde, bezogen auf ihre Welpen, andere Tiere oder auch Menschen. Sie lassen sie nicht aus den Augen und können übertriebenen Schutztrieb zeigen. Um andere sind sie besorgter als um sich selbst. Bei Abwesenheit dieser Personen oder Tiere jaulen oder bellen sie und sind unruhig. Diese Blüte ist auch bei Scheinträchtigkeit hilfreich.

26. ROCK ROSE *(HELIANTHEMUM NUMMULARIUM*, GELBES SONNENRÖSCHEN)

Die Hunde sind vor Angst wie von Sinnen, sie sind vor Panik nicht mehr ansprechbar; sie können auch aggressiv reagieren. Die Pupillen sind geweitet. Angst haben diese Hunde in konkreten Situationen, etwa an Silvester, bei Gewitter, Unfall oder bei einem Kampf. Diese akuten Zustände müssen sofort behandelt werden. Diese Blüte hilft bei Schock.

27. ROCK WATER (QUELLWASSER)

Die Hunde haben feste Gewohnheiten. Sie sind sehr pflichtbewusst. Sie haben Probleme mit Veränderungen und überhaupt Anpassungsprobleme. Hündinnen haben Fruchtbarkeitsstörungen. Bei alten Tieren tritt Altersstarrsinn auf. Ihr Fell kann struppig sein. Sie laufen steif, sind verspannt. Die Blüte unterstützt die Behandlung von Arthrose, Fellwechsel, Verstopfung, Verspannung.

28. SCLERANTHUS *(SCLERANTHUS ANNUUS*, EINJÄHRIGER KNÄUEL)

Die Hunde zeigen starke Schwankungen. Mal sind sie aktiv, mal müde, mal fressen sie gut, mal nicht. Ihre Stimmung kann von jetzt auf gleich umschlagen. Wirken oft unsicher, unentschieden. Erkrankungen sind ebenfalls stark wechselhaft; so haben sie mal Verstopfung, mal Durchfall. Sie sind ohne Ausdauer, unkonzentriert. Auch bei Reisekrankheit mit Erbrechen, Übelkeit.

29. STAR OF BETHLEHEM (*ORNITHOGALUM UMBELLATUM, DOLDIGER MILCHSTERN*)

Die Hunde haben ein psychisches oder körperliches Trauma noch nicht überwunden. Das Trauma kann auch schon länger  zurückliegen. Sie sind apathisch und traurig und können unsauber werden; sie fühlen sich verlassen. Die Blüte hilft, schlechte Erfahrungen, z. B. Verlust des Besitzers oder eines anderen Tieres, Tierheim, Unfall oder Misshandlung, besser zu verkraften.

30. SWEET CHESTNUT (*CASTANEA SATIVA*, EDEL- ODER ESSKASTANIE)

Die Hunde sind apathisch, erschöpft, stehen kurz vor dem Zusammenbruch. Sie verkriechen sich, wollen allein sein, lassen  sich zu keiner Aktivität motivieren. Sie können unsauber werden. Ihr Zustand ist akuter und tiefgreifender als bei Gorse. Ursachen sind meist schwere Erkrankungen, tierschutzrelevante Haltungsfehler oder Misshandlungen. Brauchen viel Zuwendung.

31. VERVAIN (*VERBENA OFFICINALIS*, EISENKRAUT)

Die Hunde sind hyperaktiv, überfordern sich und schlafen zu wenig (wandern nachts häufig unruhig herum). Sie bekommen  nie genug. Sie sind dominant, willensstark, mitreißend und übereifrig, häufig Arbeits- und Sporthunde. Sie werden aggressiv, wenn man nicht mit ihnen spielt oder arbeitet; sie zerstören viel. Krankheiten lassen sie sich lange nicht anmerken.

32. VINE (*VITIS VINIFERA*, WEINREBE)

Die Hunde sind dominant (Rudelführer), selbstsicher, stur und ehrgeizig. Sie versuchen ständig, ihren Willen durchzusetzen.  Sie ordnen sich nicht unter, gehorchen nicht. Stellt sich ihnen jemand entgegen, auch der Besitzer, werden sie aggressiv. Sie streiten und kämpfen gern. Da sie dauernd ihren Platz behaupten wollen, wirken sie angespannt.

BACH-BLÜTEN

33. WALNUT *(JUGLANS REGIA, WALNUSS)*

Die Hunde reagieren sensibel auf Veränderungen, wie Umzug, neuen Besitzer oder neuen Hausgenossen. Sie können mit Unsauberkeit und Unarten reagieren. Aber auch Deckakt, Geburt, Zahnwechsel, Wetterwechsel und Ähnliches können Krankheiten oder psychische Veränderungen hervorrufen. Walnut ist die Blüte des Übergangs und kann daher auch das Sterben erleichtern.

34. WATER VIOLET *(HOTTONIA PALUSTRIS, SUMPFWASSERFEDER)*

Die Hunde sind unnahbar und stolz; sie haben ein übersteigertes Selbstbewusstsein. Sie sind Einzelgänger, auch gegenüber anderen Hunden; sie lassen sich nicht gern anfassen und streicheln. Wenn sie krank sind, möchten sie allein sein. Wenn man zu aufdringlich wird, reagieren sie aggressiv. Von sich aus nehmen sie kaum Kontakt auf. Sie fressen eventuell schlecht.

35. WHITE CHESTNUT *(AESCULUS HIPPOCASTANUM, GEWÖHNLICHE ROSSKASTANIE)*

Die Hunde sind unausgeglichen, unruhig und nervös. Sie wirken angespannt, aber gleichzeitig geistesabwesend, unaufmerksam, unkonzentriert. Sie zeigen Ängste mit konkreter Ursache, z.B. Angst wegen eines psychischen Traumas, vor einem Geräusch. Sie schlafen schlecht. Sie sind leicht beleidigt und nachtragend. Die Blüte hilft, psychische Blockaden aufzuheben.

36. WILD OAT *(BROMUS RAMOSUS, WALDTRESPE)*

Die Hunde sind sehr intelligent, wollen immer etwas Neues, es wird aber schnell langweilig; sind schnell unkonzentriert, haben keine Ausdauer. Erscheinen unzufrieden, launisch, können zerstörerisch sein (gegen sich und andere/s), aggressiv; sie sind hypersexuell; Einzelgänger. Oft Folge von nicht artgerechter Haltung. Dient auch zum Klären von Symptomen, als Dränage.

37. WILD ROSE (*ROSA CANINA*, HECKENROSE)

Die Hunde sind apathisch, fressen und trinken nicht mehr, der Blick ist leer. Sie haben sich aufgegeben. Wenn die Hunde

krank sind, bemühen sie sich nicht, gesund zu werden. Therapien schlagen nicht an. Wild Rose ist die Blüte der Resignation. Diese Blüte passt meist bei alten oder sehr kranken, auch chronisch kranken Hunden. Die Blüte hilft oft bei unklaren Symptomen.

38. WILLOW (*SALIX VITELLINA*, WEIDE)

Die Hunde sind schlecht gelaunt und unzufrieden. Sie knurren häufig. Sie sind schnell beleidigt und nehmen alles übel, zie-

hen sich zurück. So fordern sie Zuwendung ein, sind dann aber nicht zufrieden, obwohl sie diese bekommen. Diese Blüte ist nur für längerfristige Zustände anzuwenden, oft nach Misshandlung, Tierheimaufenthalt oder bei schlechten Haltungsbedingungen.

39. RESCUE REMEDY, NOTFALLTROPFEN

Rescue gibt es als Tropfen in der Stockbottle. Es ist eine Mischung, die aus Cherry Plum, Clematis, Impatiens, Rock Rose sowie Star of Bethlehem besteht. Weiterhin gibt es Rescue-Creme, die um Crab Apple ergänzt ist.

Rescue wird verwendet, wenn ein plötzliches Ereignis zum Zusammenbruch führt. Es ist für akute Zustände gedacht. Dazu gehört: nach Operationen (→ Seite 222), nach Unfällen, bei Panikattacken beispielsweise beim Tierarzt, als Geburtshilfe, für Neugeborene, bei Verbrennungen, Insektenstichen, Epilepsie, Sonnenstich, Vergiftungen.

Die Creme ist für Tiere nicht so gut geeignet, da erst die Haare

weggeschnitten werden müssten. Besser ist die Anwendung der Tropfen als Umschlag. Man gibt 4 Tropfen aus der Stockbottle in ca. 1/4 Liter Wasser und bereitet damit eine Kompresse oder einen Wickel. **Tipp:** Dieser Umschlag wirkt gut bei Insektenstichen.

Bach-Blüten und ihre Pendants

Sind Sie mit der Auswahl der Bach-Blüten für Ihren Hund nicht hundertprozentig zufrieden, dann sollten Sie in der folgenden Zusammenstellung noch einmal nachlesen, ob möglicherweise eine andere Blüte infrage kommt. Hier habe ich jeder Bach-Blüte weitere Blüten zugeordnet, die ähnliche Symptome haben und deshalb ähnlich wirken.

➤ **Agrimony:** Centaury, Cerato, Clematis, Heather, Mimulus, Vervain
➤ **Aspen:** Agrimony, Cherry Plum, Mimulus, Pine, Rock Rose, Walnut, White Chestnut
➤ **Beech:** Cherry Plum, Holly, Impatiens, Rock Rose, Rock Water, Scleranthus, Vine, Water Violet
➤ **Centaury:** Cerato, Clematis, Gentian, Larch, Pine, Walnut
➤ **Cerato:** Centaury, Gentian, Larch, Scleranthus, Walnut, Wild Oat
➤ **Cherry Plum:** Aspen, Holly, Impatiens, Rock Rose, Scleranthus, Vine
➤ **Chestnut Bud:** Cerato, Clematis, Gentian, Elm, Honeysuckle, Olive, Scleranthus, White Chestnut, Wild Oat
➤ **Chicory:** Cerato, Heather, Holly, Red Chestnut, Vervain, Vine
➤ **Clematis:** Centaury, Cerato, Elm, Gorse, Honeysuckle, Mustard, Olive, Sweet Chestnut, Wild Rose
➤ **Crab Apple:** Aspen, Cherry Plum, Chicory, Heather, Impatiens, Rock Water, Wild Chestnut, Wild Oat
➤ **Elm:** Chestnut Bud, Clematis, Gorse, Hornbeam, Oak, Olive, Sweet Chestnut, Wild Rose
➤ **Gentian:** Cerato, Hornbeam, Mustard, Wild Oat, Willow
➤ **Gorse:** Elm, Honeysuckle, Hornbeam, Larch, Mustard, Olive, Sweet Chestnut, Wild Rose
➤ **Heather:** Cerato, Chicory, Red Chestnut, Vine
➤ **Holly:** Beech, Cherry Plum, Impatiens, Scleranthus, Vine, Water Violet, Willow

➤ **Honeysuckle:** Clematis, Gorse, Mustard, Olive, Sweet Chestnut, Wild Rose
➤ **Hornbeam:** Clematis, Elm, Gentian, Gorse, Honeysuckle, Mustard, Olive, Sweet Chestnut, Wild Rose
➤ **Impatiens:** Cherry Plum, Holly, Scleranthus, Vervain
➤ **Larch:** Aspen, Centaury, Cerato, Clematis, Elm, Gentian, Hornbeam, Pine, Star of Bethlehem, Walnut, Water Violet
➤ **Mimulus:** Aspen, Cherry Plum, Larch, Red Chestnut, Rock Rose
➤ **Mustard:** Clematis, Gentian, Gorse, Honeysuckle, Olive, Sweet Chestnut, Wild Rose
➤ **Oak:** Elm, Impatiens, Rock Water, Vine, Vervain
➤ **Olive:** Elm, Hornbeam, Mustard, Oak, Sweet Chestnut, Wild Rose
➤ **Pine:** Centaury, Cerato, Crab Apple, Gentian, Larch
➤ **Red Chestnut:** Aspen, Cerato, Chicory, Heather, Mimulus, Vervain, Vine, Walnut
➤ **Rock Rose:** Aspen, Cherry Plum, Holly, Impatiens, Mimulus, Scleranthus
➤ **Rock Water:** Crab Apple, Oak, Pine, Vine
➤ **Scleranthus:** Cerato, Impatiens, Vervain, Wild Oat
➤ **Star of Bethlehem:** Clematis, Gorse, Honeysuckle, Mustard, Sweet Chestnut, Wild Rose
➤ **Sweet Chestnut:** Clematis, Elm, Gorse, Honeysuckle, Hornbeam, Mustard, Olive, Wild Rose
➤ **Vervain:** Chicory, Heather, Impatiens, Oak, Vine
➤ **Vine:** Chicory, Heather, Oak, Rock Water, Vervain
➤ **Walnut:** Centaury, Cerato, Clematis, Honeysuckle, Larch, Scleranthus, Wild Oat
➤ **Water Violet:** Beech, Clematis, Gentian, Honeysuckle, Rock Water
➤ **White Chestnut:** Aspen, Chestnut Bud, Hornbeam, Impatiens, Scleranthus, Walnut
➤ **Wild Oat:** Cerato, Impatiens, Vervain, White Chestnut
➤ **Wild Rose:** Clematis, Gorse, Hornbeam, Mustard, Olive, Star of Bethlehem, Sweet Chestnut
➤ **Willow:** Beech, Gentian, Holly, Impatiens, Scleranthus, Water Violet

BACH-BLÜTEN UND HOMÖOPATHIKA

Über den Fragebogen auf Seite 215 sind Sie zu einer Bach-Blütenmischung für Ihren Hund gekommen. Bessern sich daraufhin zwar die Beschwerden, aber die Wirkung ist nicht ausreichend, dann haben Sie mit dieser Tabelle eine Hilfe, welches Homöopathikum Ihrem Hund weiterhelfen könnte. Die Zuordnungen sind nur als Anregung gedacht.

BACH-BLÜTE	HOMÖOPATHIKUM, DAS DER BACH-BLÜTE ENTSPRECHEN KANN, ABER NICHT MUSS
1 Agrimony	Arsen, Lycopodium, Phosphorus
2 Aspen	Aconitum, Arsen, Phosphorus, Silicea
3 Beech	Calcium phosphoricum, Hyoscyamus, Lycopodium, Natrium chloratum, Nux vomica
4 Centaury	Pulsatilla, Silicea
5 Cerato	Natrium chloratum, Pulsatilla, Silicea, Thuja
6 Cherry Plum	Belladonna, Cantharis, Lachesis, Hyoscyamus
7 Chestnut Bud	Calcium carbonicum, Lachesis, Natrium chloratum, Silicea
8 Chicory	Agnus castus, Arsen, Ignatia, Natrium chloratum, Nux vomica, Pulsatilla, Sepia
9 Clematis	Calcium carbonicum, Carbo vegetabilis, Natrium chloratum, Veratrum album
10 Crab Apple	Arsen, Lycopodium, Natrium chloratum, Sulfur, Pulsatilla. Ausleitung/Dränage: Berberis, Carduus marianus, Solidago
11 Elm	Argentum nitricum, Calcium carbonicum, Sepia, Silicea
12 Gentian	Ignatia, Natrium chloratum, Thuja
13 Gorse	Agnus castus, Arsen, Calcium carbonicum, Carbo vegetabilis
14 Heather	Lachesis, Natrium chloratum, Phosphorus, Pulsatilla, Sulfur
15 Holly	Hepar sulfuris, Hyoscyamus, Lachesis, Nux vomica
16 Honeysuckle	Argentum nitricum, Arsen, Causticum, Ignatia, Natrium chloratum, Phosphorus

17 Hornbeam	Arsen, Argentum nitricum, Calcium carbonicum, Phosphorus, Sepia, Silicea
18 Impatiens	Chamomilla, Lachesis, Lycopodium, Nux vomica
19 Larch	Argentum nitricum, Arsen, Lycopodium, Silicea
20 Mimulus	Arsen, Borax, Chamomilla, Hepar sulfuris, Lycopodium, Natrium chloratum, Phosphorus
21 Mustard	Natrium chloratum
22 Oak	Nux vomica, Plumbum aceticum, Sepia
23 Olive	Arsen, Calcium carbonicum, Carbo vegetabilis, China, Solidago, Veratrum album
24 Pine	Arsen, Ignatia, Natrium chloratum, Pulsatilla
25 Red Chestnut	Arsen, Phosphorus, Pulsatilla, Sulfur
26 Rock Rose	Aconitum, Arnica, Arsen
27 Rock Water	Arsen, Harpagophytum, Natrium chloratum, Sepia, Silicea, Sulfur, Thuja
28 Scleranthus	Hyoscyamus, Lycopodium, Pulsatilla
29 Star of Bethlehem	Ignatia, Natrium chloratum, Pulsatilla, Sepia
30 Sweet Chestnut	Arsen, China
31 Vervain	Calcium carbonicum, Nux vomica, Sulfur
32 Vine	Belladonna, Hepar sulfuris, Hyoscyamus, Lycopodium, Nux vomica
33 Walnut	Argentum nitricum, Calcium carbonicum, Nux vomica, Pulsatilla
34 Water Violet	Arsen, Aurum, Bryonia, Natrium chloratum
35 White Chestnut	Argentum nitricum, Natrium chloratum
36 Wild Oat	Chamomilla, Lycopodium, Phosphorus, Sulfur
37 Wild Rose	Arsen, Carbo vegetabilis, China, Ignatia
38 Willow	Ignatia, Lachesis, Lycopodium, Natrium chloratum

Liste der Bach-Blüten

1 Agrimony..
2 Aspen...
3 Beech...
4 Centaury..
5 Cerato...
6 Cherry Plum..
7 Chestnut Bud...
8 Chicory..
9 Clematis..
10 Crab Apple...
11 Elm..
12 Gentian..
13 Gorse...
14 Heather..
15 Holly..
16 Honeysuckle...
17 Hornbeam...
18 Impatiens...
19 Larch...
20 Mimulus...
21 Mustard...
22 Oak...
23 Olive..
24 Pine...
25 Red Chestnut..
26 Rock Rose..
27 Rock Water...
28 Scleranthus..
29 Star of Bethlehem...
30 Sweet Chestnut...
31 Vervain..
32 Vine...
33 Walnut...
34 Water Violet..
35 White Chestnut..
36 Wild Oat...
37 Wild Rose...
38 Willow..

Die homöopathische Hausapotheke

Neben den auf der vorderen inneren Umschlagklappe
genannten homöopathischen Mitteln sollten Sie für
Notfälle Ihres Hundes auf jeden Fall folgende Dinge
in der Hausapotheke bereithalten:

➤ Verbandmaterial: Mulltupfer, sterile Kompresse;
Mullbinde; elastische Binde (ca. 5 bis 10 cm breit),
Pflaster, alte saubere Socken
➤ **Achtung:** Bitte verwenden Sie weder Watte noch Zell-
stoff als Verbandmaterial, sie fusseln bzw. kleben fest.
➤ Halskragen
➤ Schere, Pinzette
➤ zur Desinfektion von Wunden: Calendula-Tinktur,
Desinfektionsmittel (am besten fragen Sie Ihren Tier-
arzt danach)
➤ Wund- und Heilsalbe für kleinere Verletzungen,
z.B. Panthenolsalbe
➤ Augentropfen gegen Reizzustände, z.B. Euphrasia
Augentropfen
➤ Augenspülung vom Tierarzt
➤ zur Desinfektion der Hände und der Umgebung:
Fragen Sie Ihren Tierarzt.
➤ Einmalhandschuhe
➤ Einmalspritzen zum Eingeben von Medikamenten
(immer ohne Nadel)
➤ Thermometer, am besten digital
➤ Taschenlampe
➤ Kühlakku, Coolpack
➤ Garten- oder Lederhandschuhe gegen Bisse
➤ Maulkorb
➤ Zeckenzange oder -haken
➤ Flohkamm
➤ Krallenschere oder -zange

➤ Außerdem brauchen Sie für Urlaubsfahrten bzw. für
einen Tierarzt, der den Hund nicht kennt, den Impfpass.
➤ Für die Hundepension (während Ihres Urlaubs)
sowie für Notfälle sollten Sie die Telefonnummer Ihres
Tierarztes bzw. einer Tierklinik oder eines Vertretungs-
tierarztes bereithalten.

Fachbegriffe von A bis Z

Hier werden medizinische Fachbegriffe erklärt, die im Buch vorkommen und dort nicht erklärt wurden.
Ein → verweist auf ein weiteres Stichwort.

➤ **Aflatoxine**
Natürlich vorkommendes Gift von Schimmelpilzen (Aspergillus-, Penicillium-Arten).

➤ **Allergie**
Überschießende Reaktion des Immunsystems auf eigentlich harmlose Stoffe, z. B. Pollen, Hausstaub.

➤ **Anfangsmittel**
Mittel, das nur am Beginn einer Erkrankung eingesetzt wird.

➤ **Aszites**
(Auch Bauchwassersucht); krankhafte Flüssigkeitsansammlung in der Bauchhöhle.

➤ **Autoimmunkrankheit**
Krankheit, bei der sich das Immunsystem gegen den eigenen Körper richtet.

➤ **Babesien**
Einzellige Schmarotzer, die in den roten Blutkörperchen parasitieren; sie werden von bestimmten Zeckenarten übertragen.

➤ **Babesiose**
Erkrankung, hervorgerufen durch → Babesien; der Hund zeigt als Symptome Schwäche, Fieber, rot- bis grünbraunen Harn, → Ikterus, Leber- und Milzvergrößerung, Anämie (Blutarmut). Tritt vor allem im südeuropäischen Raum auf.

➤ **Bach-Nosoden**
Speziell von Dr. Bach aus Darmbakterien von Menschen hergestellte Impfstoffe, aus denen er dann → Nosoden zur Heilung chronischer Krankheiten bereitete.

➤ **Bindegewebe**
Bindegewebe ist einer der vier Grundgewebetypen des Körpers. Es kommt überall als verbindendes Gewebe vor, z. B. als Organkapseln, an Bändern und Gelenken.

➤ **Bindegewebige Strukturen**
Gewebe, das sich nach Verletzungen und Entzündungen bilden kann und das in der Zusammensetzung dem → Bindegewebe entspricht.

➤ **Borrelien**

Spiralige Bakterien, die von Zecken beim Blutsaugen übertragen werden; sie verursachen → Borreliose.

➤ **Borreliose**

Krankheit, verursacht durch → Borrelien. Symptome: evtl. Mattigkeit, Fieber eher am Anfang, sonst Gelenk-, Herz-, Gehirn- und Nierenerkrankungen. Katzen sind seltener betroffen als Hunde oder Menschen.

➤ **Degenerativ, Degeneration**

Entartung von Zell- und Gewebsstrukturen infolge Schädigung der Zellen. Diese verändern sich und können nicht mehr wie ursprünglich funktionieren.

➤ **Durchtrittigkeit**

(Umgangssprachlich »weiches Gelenk«); normalerweise stehen die Knochen der Gliedmaßen in den einzelnen Gelenken in einem bestimmten Winkel zueinander. Ist dieser Winkel an den Fußgelenken (Fußwurzelgelenk) an der dem Boden zugewandten Fläche zu weit, spricht man von Durchtrittigkeit.

➤ **ED oder Ellbogengelenksdysplasie**

Fehlentwicklung des Ellbogengelenks, hauptsächlich bei großen Rassen.

➤ **Eklampsie**

Stoffwechselstörung mit Kalziummangel der Hündin, meist 2 bis 3 Wochen nach der Geburt; betroffen sind meist kleine Rassen, v. a. Hündinnen mit viel Milch. Symptome: Nervosität, Ängstlichkeit, Atmung schneller, Muskelzittern, später steifer Gang und Krämpfe.

➤ **Empirisch**

Auf nachvollziehbarer allgemeiner Erkenntnis oder eigenen Erfahrungen beruhend.

➤ **Endokriner Pankreas**

Bereich im Pankreas = Bauchspeicheldrüse (Langerhans-Inseln), der für die Produktion von → Insulin verantwortlich ist.

➤ **Epilepsie**

Angeborene oder erworbene Veränderung des Gehirns, wodurch es zu Krampfanfällen mit oder ohne Bewusstlosigkeit kommt.

➤ **Epileptiformer Anfall**

Krampfanfall, der dem bei → Epilepsie ähnelt, aber durch eine andere Erkrankung, z. B. der Leber oder Nieren, verursacht wird.

➤ **Epileptischer Anfall**

Im Rahmen einer → Epilepsie auftretender Krampfanfall.

➤ Extrahieren
Von lateinisch »extrahere« = herausziehen; Herausziehen von Bestandteilen aus festen oder flüssigen Stoffen durch Lösungsmittel.

➤ Fistel
Von lateinisch »fistula« = Röhre; schlecht heilende röhrenförmige Wunde.

➤ Forensisch
Der gerichtlichen Aufklärung dienend, Analyse von kriminellen Handlungen; hier: Vergiftungen, die in krimineller Absicht erfolgten, z. B. Arsenvergiftungen.

➤ Giardien
Im Darm vorkommende kleine Einzeller; sie können Durchfall verursachen.

➤ HCC oder Hepatitis contagiosa canis
Ansteckende Leberentzündung beim Hund, verursacht durch Canines Adenovirus. Die Übertragung erfolgt über Sekrete (Speichel, Urin, Kot). Symptome: Erbrechen, Durchfall, Fieber, Lymphknoten-, Leber-, Milzvergrößerung.

➤ HD oder Hüftgelenksdysplasie
Fehlentwicklung des Hüftgelenks, hauptsächlich bei großen Rassen; multifaktorielle Ursachen (genetische/Umwelteinflüsse).

➤ Ikterus
Gelbsucht; äußert sich durch Gelbfärbung der Haut, Bindehäute und der Schleimhäute bei Leber- und Galleerkrankungen; wird verursacht durch zu viel Gallenfarbstoffe im Blut und Gewebe.

➤ Inkontinenz
Unfähigkeit, den Urin zu halten, daher wird ständig Urin verloren.

➤ Inkubationszeit
Von lateinisch »incubare« = ausbrüten; Zeit, die vom Eindringen der Krankheitserreger (Infektion) bis zum Auftreten von Krankheitssymptomen (Ausbruch der Krankheit) verstreicht.

➤ Insuffizienz
Funktionelle Schwäche, nicht ausreichende Leistung.

➤ Insulin
Hormon, das den Kohlenhydrathaushalt steuert; es bewirkt, dass Glukose aus dem Blut in die Zellen gelangt.

➤ Kokzidien
Im Darm vorkommende kleine Einzeller, die Durchfall verursachen können.

➤ Konservativ
Von lateinisch »conservare« = erhalten, bewahren; in der Medizin eine Therapie ohne chirurgischen Eingriff.

➤ **Kreatinin**
Stoffwechselprodukt, das über den Harn ausgeschieden wird. Funktionieren die Nieren nicht richtig, wird zu viel Kreatinin im Blut zurückbehalten. Dies ist ein sicherer Hinweis auf eine Nierenerkrankung.

➤ **Läufigkeitsintervall**
Abstand der Läufigkeiten zueinander. Er beträgt durchschnittlich 6 Monate.

➤ **Leistenkanal, Leistenring**
Der Leistenkanal oder -spalt ist eine anatomische Struktur in der Bauchwand in der Leistengegend; dadurch bildet sich ein länglicher Kanal, durch den verschiedene anatomische Strukturen (etwa der Samenstrang) von der Bauchhöhle durch die Bauchwand führen. Eingang und Ausgang dieses Kanals sind der innere und äußere Leistenring.

➤ **Leitsymptom**
(Auch Hauptsymptom oder Kardinalsymptom); das Symptom, das den Therapeuten zur Diagnose einer Erkrankung (z. B. beim Menschen Brustenge bei Herzinfarkt) oder zum homöopathischen Mittel (etwa bei Verspannung Nux vomica) bringt.

➤ **Leptospirose**
Stuttgarter Hundeseuche. Verursacher sind Leptospiren (Bakterien); Übertragung durch Urin und Speichel, Aufnahme über das Maul. Die Erkrankung ist auf den Menschen übertragbar. Es gibt verschiedene Leptospirenarten in verschiedenen Haus- und Wildtierarten, auch in Ratten und Mäusen. Symptome beim Hund: Erbrechen, Durchfall, Blutungen, Leber- und Nierenschädigung; manchmal auch Lähmungen und Muskelschwäche.

➤ **Linksseitigkeit**
Symptome sind links stärker oder treten nur links auf.

➤ **Magnetfeldtherapie**
Therapie mit einem Magnetfeld, mit dem Knochenheilungen, Wundheilungsstörungen oder Arthrosen unterstützend behandelt werden können.

➤ **Modalitäten**
Alle Einflüsse, die eine Verschlimmerung oder Verbesserung der Symptome oder des Allgemeinbefindens bewirken.

➤ **Mutation**
Von lateinisch »mutatio« = Veränderung; Veränderung des Erbguts eines Organismus, Bakteriums, Virus.

➤ **Nosoden**
Arzneimittel, die aus Gewebe, Sekreten oder Körperflüssigkeit oder aus Krankheitskeimen von Mensch und Tier hergestellt und dann potenziert werden.

➤ **Panostitis**
Entzündung des Knochens.

➤ **Parasympathikus**
Teil des Nervensystems, der willentlich nicht beeinflussbar ist; kontrolliert die meisten inneren Organe und den Kreislauf; ist zuständig für Erholung und Regeneration.

➤ **Periodizität**
Ein Symptom oder eine Erkrankung kommt in regelmäßigen Abständen wieder, z. B. alle zwei Tage, alle drei Wochen …

➤ **pH-Wert**
Maß für die Wasserstoffionenkonzentration in wässrigen Lösungen; je kleiner der Wert, desto höher die Konzentration und desto saurer die Lösung; pH 1 ist sehr sauer, pH 7 ist neutral, pH 14 ist sehr alkalisch/basisch. Urin hat pH 6 bis pH 7.

➤ **Phytotherapie**
Pflanzenheilkunde; Heilen von Krankheiten mit Medikamenten aus Heilpflanzen, z. B. Calendula-Tinktur.

➤ **Rechtsseitigkeit**
Die Symptome sind rechts stärker oder treten nur rechts auf.

➤ **Rekapillarisationszeit**
Zeit, die verstreicht, bis sich Blutgefäße bzw. Schleimhäute wieder mit Blut gefüllt haben.

➤ **Repellent**
Von lateinisch »repellere« = vertreiben; Wirkstoff, der äußere Parasiten wie Flöhe oder Läuse abschreckt, ohne sie zu töten.

➤ **Seitenbeziehung**
Symptome sind nur auf einer Seite vorhanden oder treten dort stärker auf.

➤ **Sekundärinfektion**
Infektion, die zusätzlich zu einer bereits vorhandenen Infektion mit einem anderen Erreger erfolgt.

➤ **Senkrücken**
Nach unten durchhängender Rücken; Anzeichen für Bindegewebsschwäche,

Defizite in der Muskulatur oder andere orthopädische Probleme.

➤ **Spastisch**
Von griechisch »spasmos« = Krampf; der Hund hat eine Lähmung, dabei ist durch eine Schädigung eines Nervengewebes die Muskulatur zusätzlich zur Lähmung verspannt.

➤ **Staupe**
Verursacher ist das Staupevirus (verwandt mit dem menschlichen Masernvirus). Es wird über Sekrete (Nase, Maul etc.) sowie über den Kot übertragen. Die Symptome sind vielfältig, betroffen sind hauptsächlich der Verdauungs- und Atmungsapparat sowie das Nervensystem. Nicht auf den Menschen übertragbar, aber z.B. auf Marder, Seehund.

➤ **Struvitkristalle**
Kristalle im Urin aus Magnesiumammoniumphosphat. Sie entstehen aus normal vorkommenden Bestandteilen im Urin, wenn sich nach Entzündungen oder durch Stoffwechselstörungen der → pH-Wert des Urins in den alkalischen Bereich verschiebt.

➤ **Stumpfes Trauma**
Verletzung, die durch Schlag oder Stoß entsteht, nicht durch Stich oder Schnitt.

➤ **Sulfonamide**
Chemisch hergestellte Breitspektrumantibiotika; ähnlicher Einsatz wie Penicillin.

➤ **Toxine**
Gifte, die von Lebewesen (Pflanzen, Tiere, Pilze, Bakterien etc.) produziert werden.

➤ **Trägerstoff**
Stoff/Substanz, an den andere Substanzen (homöopathische Ursubstanz und die weiteren Potenzen) gebunden werden können, um ihn z.B. besser potenzieren und verabreichen zu können; in der Homöopathie z.B. Alkohol, Milchzucker oder Rohrzucker.

➤ **Untertemperatur**
Körperinnentemperatur, die unter der normalen physiologischen Körperinnentemperatur liegt; beim Hund unterhalb von 37,5 °C.

➤ **Verschleppte Infektion**
Eine Infektion, die nicht rechtzeitig behandelt wird; die Krankheit braucht länger zum Heilen oder wird dadurch unheilbar.

➤ **Zyste**
Ein mit Gewebe umschlossener Hohlraum, der meist Flüssigkeit enthält; am Eierstock z.B. bei hormonellen Störungen aus normalen Eifollikeln entstehend.

Register

Halbfett gesetzte Seitenzahlen verweisen auf Abbildungen,
U bedeutet Umschlagseite.

Die Homöopathika

Adressen

Verbände/Vereine

Deutsche Homöopathie-Union (DHU), Postfach 410280, 76202 Karlsruhe, www.dhu.de

Gesellschaft für Ganzheitliche Tiermedizin e.V. (GGTM), Gartenstr. 7, 79189 Bad Krozingen, www.ggtm.de

Hier bekommen Sie Adressen von Tierärzten in Ihrer Nähe:
Bundestierärztekammer e.V., Oxfordstr. 10, 53111 Bonn, www.bundestieraerztekammer.de

Gesellschaft für Tierverhaltenstherapie e.V. (GTVT), www.gtvt.de

Über das Online-Tierärzteverzeichnis des BPT finden Sie Tierärzte in Ihrer Nähe:
Bundesverband Praktizierender Tierärzte e.V. (BPT), www.smile-tierliebe.de

Verband für das Deutsche Hundewesen e.V. (VDH), Westfalendamm 174, 44141 Dortmund, www.vdh.de

Fédération Cynologique Internationale (FCI), Place Albert 1er, 13, B-6530 Thuin, www.fci.be

Österreichischer Kynologenverband (ÖKV), Siegfried Marcus-Str. 7, A-2362 Biedermannsdorf, www.oekv.at

Schweizerische Kynologische Gesellschaft (SKG/SCS), Postfach 8276, CH-3001 Bern, www.skg.ch

Deutscher Tierschutzbund e.V., Baumschulallee 15, 53115 Bonn, www.tierschutzbund.de

Krankenversicherung

Uelzener Versicherungen, Postfach 2163 29511 Uelzen, www.uelzener.de

AGILA Haustierversicherung AG, Breite Str. 6–8, 30159 Hannover, www.agila.de

Informationen über giftige Pflanzen erhalten Sie unter:
www.giftpflanzen.ch

Bücher

Bär, M., Pfeiffer, G., Rakow, B., Seyfried, A.-L., Westerhuis, A.: **Arzneimittellehre der Tierhomöopathie, Band I.** AUDE SAPERE, Karlsbad

Bär, M., Pfeiffer, G., Rakow, B., Seyfried, A.-L.: **Arzneimittellehre der Tierhomöopathie, Band II.** AUDE SAPERE, Karlsbad

Rakow, B., Rakow, M.: **Homöopathie in der Tiermedizin.** AUDE SAPERE, Karlsbad

Boericke, W.: **Homöopathische Mittel und ihre Wirkungen.** Verlag Grundlagen und Praxis, Leer

Hegewald-Kawich, H.: **300 Fragen zur Hundeerziehung.** GRÄFE UND UNZER VERLAG, München

Kerl, S.: **Hunde kaufen mit Verstand.** Müller, Rüschlikon, Cham

Kübler, H.: **Bach-Blüten-Therapie in der Tiermedizin.** Sonntag Verlag, Stuttgart

Ludwig, G.: **Praxishandbuch Hunde.** GRÄFE UND UNZER VERLAG, München

Nagel, M., von Reinhard, C.: **Stress bei Hunden.** Animal Learn Verlag, Bernau

Rehage, F., Weigand, E.: **Lassie, Rex und Co.** Kynos Verlag, Nerdlen/Daun

Rugaas, T.: **Calming signals.** Animal Learn Verlag, Bernau

Rugaas, T.: **Hilfe mein Hund zieht.** Animal Learn Verlag, Bernau

Schlegl-Kofler, K.: **Mein Heimtier: Hund.** GRÄFE UND UNZER VERLAG, München

Schlegl-Kofler, K.: **Hunde Erziehungs-Box.** GRÄFE UND UNZER VERLAG, München

Schlegl-Kofler, K.: **Mein Hund macht was er will.** GRÄFE UND UNZER VERLAG, München

Schlegl-Kofler, K.: **Praxishandbuch Hunde-Erziehung.** GRÄFE UND UNZER VERLAG, München

Schlegl-Kofler, K.: **Hundesprache.** GRÄFE UND UNZER VERLAG, München

Schmidt-Röger, H.: **300 Fragen zum Hund.** GRÄFE UND UNZER VERLAG, München

Zeitschriften

Der Hund. Deutscher Bauernverlag, Berlin, www.derhund.de

Das Deutsche Hundemagazin. Gong Verlag, Ismaning, www.deutsches-hundemagazin.de

Partner Hund. Gong Verlag, Ismaning, www.partnerhund.de

Unser Rassehund. Verband für das Deutsche Hundewesen e.V., Dortmund (→ Adressen), www.unser-rassehund.de

Titelbild: Hund mit Echinacea. **Rückseite**: Bach-Blüte Crab Apple (oben); Kieselsäurekristalle (unten).

Die Fotografen
AKG: 9; **Alamy**: 224-4, 226-2, 227-1, 227-4, 228-3, 231-1, 232-1, 233-1; **blickwinkel**: 59; **Corbis**: 225-3, 230-3; **Deutsche Homöopathie-Union**: 31; **Beat Ernst**: 224-1, 225-2, 227-3, 228-1, 229-4, 230-1, 231-3; **Getty-Images**: 230-2; **Oliver Giel**: 3, 4, 6, 7, 15, 21-1, 21-2, 51, 92, 124, 143, 164, 204; **Manfred Jahreiß**: 233-3; **Jump**: 8; **Juniors**: 37, 50, 75, 83, 136, 243, U4-2; **Lavendelfoto**: 224-2, 225-1, 226-1, 226-3, 226-4, 227-2, 228-2, 228-4, 229-1, 229-2, 229-3, 230-4, 231-2, 231-4, 232-2, 232-4, 233-2, U4-1; **Mauritius-Images**: 225-4, U4-3; **MedicalPicture**: 205; **Okapia**: 224-3; **Ulrike Schanz**: 65-1, 65-2, 165; **Christine Steimer**: U1, 112, 240, 244; **Superbild**: 232-3; **Monika Wegler**: 24, 78, 209.

Syndication:
www.jalag-syndication.de

Dank
Verlag und Autorin danken der Deutschen Homöopathie-Union (www.dhu.de) für die freundliche Unterstützung.

Über die Autorin
Frau Dr. med. vet. Elke Fischer ist auf Kleintiere und Reptilien spezialisiert. Sie führt die Zusatzbezeichnung Homöopathie und verfügt über weitere Zusatzausbildungen in Akupunktur, Tierverhaltenstherapie, Veterinärphysiotherapie, Osteopathie und Reptilienerkrankungen. Sie ist Dozentin und Mitglied für Homöopathie bei der ATF (Akademie für tierärztliche Fortbildung) und im BPT (Bundesverband Praktizierender Ärzte). Seit 1998 gehört sie der Gesellschaft für Ganzheitliche Tiermedizin e.V. (GGTM) an und ist seit 2008 im erweiterten Vorstand. Zudem veröffentlicht sie Artikel zum Thema Homöopathie in Fachzeitschriften. Um ein flüssiges Lesen zu gewährleisten, wird im Buch nur von Tierarzt gesprochen. Selbstverständlich sind damit auch Tierärztinnen gemeint.

© 2009 GRÄFE UND UNZER VERLAG GmbH, München. Alle Rechte vorbehalten. Nachdruck, auch auszugsweise, sowie Verbreitung durch Bild, Funk, Fernsehen und Internet, durch fotomechanische Wiedergabe, Tonträger und Datenverarbeitungssysteme jeder Art nur mit schriftlicher Genehmigung des Verlages.

Redaktion: Jutta Weikmann, Nadja Harzdorf
Lektorat: Angelika Lang
Bildredaktion: Waltraud Flöter
Umschlaggestaltung und Layout: Cordula Schaaf
Herstellung: Susanne Mühldorfer
Satz: Cordula Schaaf
Reproduktion: Longo AG, Bozen
Druck: aprinta, Wemding
Bindung: Druckerei Auer, Donauwörth

Printed in Germany
ISBN 978-3-8338-1173-9
3. Auflage 2010

GRÄFE UND UNZER

Ein Unternehmen der
GANSKE VERLAGSGRUPPE